Chariot de mesure de la voie ferroviaire

Ahmed Jeridi

Chariot de mesure de la voie ferroviaire

Conception et Réalisation

Éditions universitaires européennes

Impressum / Mentions légales

Bibliografische Information der Deutschen Nationalbibliothek: Die Deutsche Nationalbibliothek verzeichnet diese Publikation in der Deutschen Nationalbibliografie; detaillierte bibliografische Daten sind im Internet über http://dnb.d-nb.de abrufbar.
Alle in diesem Buch genannten Marken und Produktnamen unterliegen warenzeichen-, marken- oder patentrechtlichem Schutz bzw. sind Warenzeichen oder eingetragene Warenzeichen der jeweiligen Inhaber. Die Wiedergabe von Marken, Produktnamen, Gebrauchsnamen, Handelsnamen, Warenbezeichnungen u.s.w. in diesem Werk berechtigt auch ohne besondere Kennzeichnung nicht zu der Annahme, dass solche Namen im Sinne der Warenzeichen- und Markenschutzgesetzgebung als frei zu betrachten wären und daher von jedermann benutzt werden dürften.

Information bibliographique publiée par la Deutsche Nationalbibliothek: La Deutsche Nationalbibliothek inscrit cette publication à la Deutsche Nationalbibliografie; des données bibliographiques détaillées sont disponibles sur internet à l'adresse http://dnb.d-nb.de.
Toutes marques et noms de produits mentionnés dans ce livre demeurent sous la protection des marques, des marques déposées et des brevets, et sont des marques ou des marques déposées de leurs détenteurs respectifs. L'utilisation des marques, noms de produits, noms communs, noms commerciaux, descriptions de produits, etc, même sans qu'ils soient mentionnés de façon particulière dans ce livre ne signifie en aucune façon que ces noms peuvent être utilisés sans restriction à l'égard de la législation pour la protection des marques et des marques déposées et pourraient donc être utilisés par quiconque.

Coverbild / Photo de couverture: www.ingimage.com

Verlag / Editeur:
Éditions universitaires européennes
ist ein Imprint der / est une marque déposée de
OmniScriptum GmbH & Co. KG
Heinrich-Böcking-Str. 6-8, 66121 Saarbrücken, Deutschland / Allemagne
Email: info@editions-ue.com

Herstellung: siehe letzte Seite /
Impression: voir la dernière page
ISBN: 978-3-8417-4576-7

Ahmed JERIDI

A mes parents, à tous ceux que j'aime et qui m'aiment.

1

Remerciements

Je tiens à remercier tous ceux qui m'ont aidé à concevoir ce projet de fin d'étude.

Je tiens à remercier en particulier mon encadreur au sein de la société des travaux ferroviaires SOTRAFER monsieur Hatem Rayani pour la patience et l'attention accordées à ce travail.

Je remercie également mon encadreur monsieur Ali Zghal pour ses conseils et l'aide qu'il m'a octroyés tout au long de l'élaboration de mon projet.

SOMMAIRE

Liste des figures

Liste des Tableaux

Introduction

De nos jours, le transport ferroviaire ainsi que le déplacement des biens que des voyageurs s'est beaucoup développé entrainant un trafic plus rapide et plus sûr. Ce développement est le fruit de plusieurs recherches faisant face à des difficultés techniques considérables car le roulement d'un train sur une voie ferrée est l'un des plus complexes systèmes dynamiques en ingénierie.[1]

La longue histoire de l'ingénierie ferroviaire fournit de nombreux exemples pratiques de problèmes dynamiques causant une dégradation des performances et de la sécurité. En effet, des problèmes comme l'usure ou la détérioration de la voie sont assez fréquents. Pour faire face à ces difficultés, la meilleure voie est celle d'un entretien régulier, solution pour une meilleure sécurité contre les dangers de déraillement et d'une prévention des problèmes nuisant au déroulement régulier des activités ferroviaires. Ceci n'est possible qu'avec une connaissance de données précise des paramètres géométriques de la voie.

A la SOTRAFER, et suivant les normes internationales. La géométrie d'une voie ferrée est synthétisée à l'aide de différents indicateurs, dont le nivellement longitudinal (NL), le nivellement transversal (NT) et le dévers ce qui constitue un problème technique à résoudre.

Nous nous proposons de considérer une solution de contrôle de la voie ferrée précise basée à la fois sur ces différents paramètres géométriques précités.

Ce projet effectué en collaboration avec SOTRAFER et l'Ecole Supérieure d'Ingénierie et de Technologies de Tunis est réalisé durant une période de travail d'un an au sein des ateliers du Park SOTRAFER de djebel jloud, et que j'ai l'honneur de vous présenter.

---

[1] Ce dernier a plusieurs degrés de liberté de mouvement, d'interactions entre la roue et les rails qui comporte simultanément la complexité géométrique de la bande de roulement de la roue et du champignon de la rail et des forces non conservatives générées par le mouvement dans la zone de contact avec beaucoup de non-linéarités.

La motivation de ce projet est de concevoir et de développer un outil de mesures qui permet d'automatiser la procédure de mesure et d'analyse des indicateurs qualité de la voie ferrée dénommé « chariot de mesure des paramètres Géométriques de la voie »

Dans le cadre de ce projet de fin d'étude, le problème se réside dans la considération et la détection des défauts géométriques de la voie à travers un outil de mesure capable d'afficher les résultats des mesures sur un support papier et de concevoir un outil capable pour produire des courbes donnant avec précision l'état de voie ferrée indiquant ainsi soit la nécessitée d'un entretient lors d'un contrôle régulier soit l'état de la voie lors du contrôle après le passage de la machine d'entretien afin de s'assurer de la qualité de travail[2] (le chariot étant remorqué par cette machine).

Ce rapport de fin d'étude est composé de deux parties :

La première partie se divise en deux chapitres et commence par une synthèse bibliographique dans le premier chapitre. On va présenter une description succincte de la structure des voies ferroviaires : les constituants et les aspects de modélisation. Dans le deuxième chapitre, on va traiter les défauts géométriques de la voie et leurs indicateurs et les méthodes d'enregistrements.

La deuxième partie a pour but d'étudier et de concevoir le chariot de mesurer. Elle se compose de cinq chapitres. Dont le troisième, le quatrième et le cinquième s'intéressent à l'étude mécanique du chariot. Ensuite, le sixième s'intéressera à l'étude pneumatique et le dimensionnement des vérins pneumatiques. Et le dernier étudiera les solutions électriques proposées et le choix de la solution adaptée dans notre projet ainsi que les déférents instruments de mesurer utilisés dans sa réalisation.

---

[2] L'entretien se fait par plusieurs machines et principalement par la bourreuse ferroviaire pour le fonctionnement bourrage mécanique. Une bourreuse (le terme exact est bourreuse-dresseuse-auto niveleuse, car les machines modernes remplissent ces trois fonctions) est un engin de travaux ferroviaires servant au positionnement de la voie et au compactage du ballast sous les traverses.

Cahier de Charge du Projet

1. Cadre du projet :

Lors d'une mesure des paramètres géométriques de la voie, le chef machine[3] est appelé à récupérer les mesures effectuées sur la voie, les interpréter et les analyser. Ceci permet au chef machine de constater l'état de la qualité de la voie et lui offre la possibilité de faire une étape d'analyse et d'améliorer sa qualité.

L'objet de ce projet de fin d'études est de concevoir et réaliser un outil de mesure et d'aide à l'analyse des indicateurs de la qualité de la voie.

2. Travail demandé :

Il s'agit de développer un outil de mesure automatisant la procédure de mesure des indicateurs de qualité d'un réseau ferré.

Le travail demandé est de lire, traiter, étudier et analyser les données récupérées à partir d'un fichier de mesure de format standard obtenu suite à des mesures obtenues grâce à un chariot de mesure qui en passant sur la voie ferrée effectue des mesures du réseau ferré.

---

[3] Description de la mission :
En étroite collaboration avec sa hiérarchie et l'encadrement de chantier, les principales missions de chef machine bourreuse sont les suivantes :
- ✓ Conduire une bourreuse et en dirige la conduite. / Management des opérateurs bourreurs.
- ✓ Garant de la qualité de travail qu'il effectue. /responsable de la sécurité.
- ✓ S'assurer de bon état de son engin, des petites réparations, du suivi des agréments, et périodicités d'entretient de sa bourreuse.

FICHE
PROJET de FIN d'ETUDE

Titre du projet :	Conception et réalisation d'un chariot de mesure des paramètres de la voie

Entreprise d'accueil	SOTRFER
Adresse :	38 Rue Khair-Eddine Barberousse
Encadreur :	RIANI Hatem
Tél. et mail :	98 355 037 / Sotrafer_riani@yahoo.fr

Encadreur Esprit :	ZGHAL Ali

Elève(s)	JERIDI	Ahmed
Adresse mail :	Jridi2010@yahoo.fr	
Téléphone :	23 957 235	

Description du projet (Problématique et travail à faire) :

Conception d'un chariot de mesure qui en passant sur la voie ferrée, enregistre sur papiers les paramètres géométriques de la voie parcourue.

Fonctionnalités attendues :

Etude bibliographique sur la voie et les fonctionnalités du réseau ferré.

Concevoir et réaliser un châssis adéquat qui circule sur la voie ferrée.

Concevoir un système de mesure qui permet en un point de repérer les paramètres mesurés:

La flèche.

Le nivellement longitudinal.

Le dévers.

Mesurer des distances parcourues.

Les données récupérées à partir d'un fichier de mesure de format standard.

Moyens (matériels el logiciels) nécessaires : RDM6 - Festo FluidSIM - Autodesk Inventor Professional 2011

12

CHAPITRE I

Mise en situation du projet

1-Réseau ferroviaire en Tunisie :

Le réseau ferroviaire tunisien comporte 23 lignes, d'une longueur totale de 2167 km dont:

- ✓ 471 km de lignes à écartement standard (1437 mm);
- ✓ 1688 km de lignes à écartement métrique (1000 mm) dont 65 km sont électrifiés.
- ✓ 8 km de lignes à écartement mixte (standard et métrique).

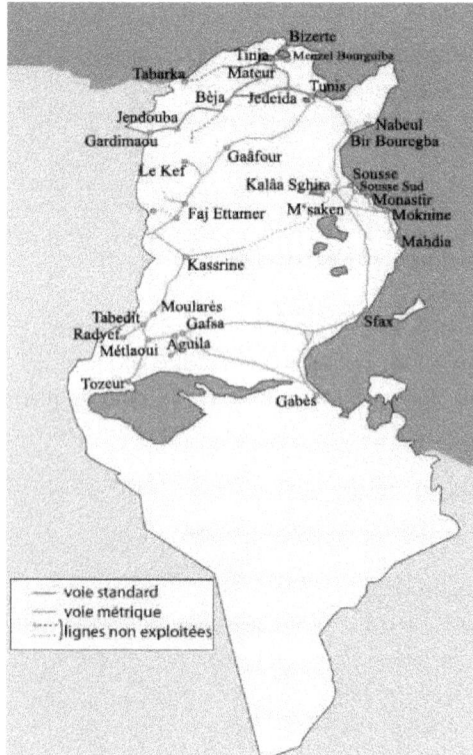

Figure 1:Réseau ferroviaire en Tunisie

En outre, le réseau ferroviaire comprend 267 gares, stations et haltes. La vitesse maximale des trains est de 130 km/h en voie métrique et de 140km/h en voie standard. La charge maximale à l'essieu varie entre 16 tonnes et 20 tonnes.

NOMBRE DE CIRCULATIONS/JOUR :

244 Trains voyageurs (dont 56 trains de Grandes Lignes, 188 trains de Banlieues) et 68 trains de marchandises.

2. Présentation de la société :

- *SO.TRA.FER : SOCIETE DES TRAVAUX FERROVIAIRES.*

Figure 2: Logo SOTRAFER

La « SOTRAFER » société des travaux ferroviaire, doit satisfaire une large clientèle et pouvoir faire face à la concurrence. Elle a donc intérêt à assurer une bonne qualité de services lors de ses interventions répondant aux normes internationales.

SOTRAFER a été crée en 2 août 1984. Elle est une filiale de SNCFT (Société National des Chemins de Fer Tunis) spécialisée en travaux ferroviaires.

Les champs des actions de la société sont :

SOTRAFER a pour mission :

➢ Le renouvellement des voies existantes et la pose de nouvelles voies.

➢ L'entretien des voies et l'aménagement des voies des gares et des ateliers.

➢ La pose des voies des métros légers et les divers travaux de génie civil.

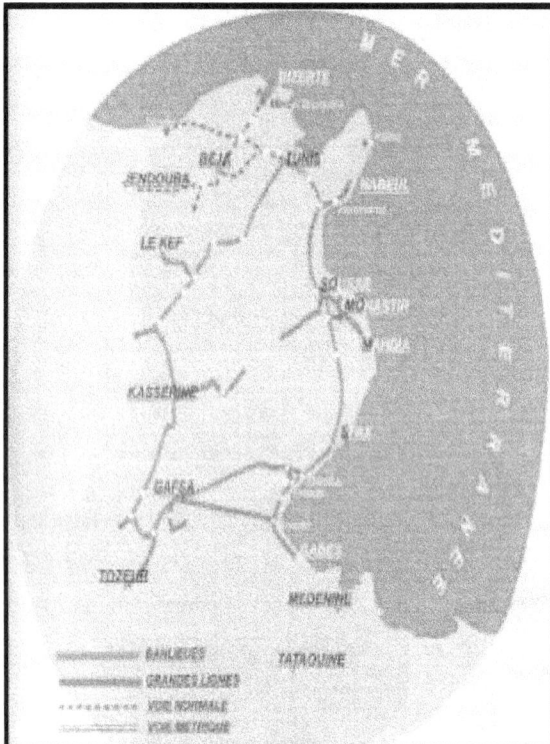

Figure 3:Carte de champs d'action en Tunisie

15

Activités de la société SOTRAFER :

Pose voie nouvelle	Renouvellement des voies	Travaux commandés	Travaux D'entretien
Ligne Gafsa-Gabes 126 Km		Renouvellement de 180 Km des voies sur la ligne Tunis-Gabes de la SNCFT	Révision intégrale : 450 Km entre 1995 et 1998
Ligne Monastir-Mehdia 110 Km		Renouvellement de 26 Km des voies sur la ligne Bamako-Dakar (RCFM)	
Pose d'une troisième voie à la banlieue sud de Tunis 25 Km	Renouvellement des voies plus de 200 Km de voie sur le réseau de SNCFT et des embranchés entre 1995 et 1998.		
Doublement de la voie Borj Cedria-Sousse 100 Km		Réhabilitation de 70 Km des voies entre Bamako-Dakar (réseau RCFM)	Révision réduite : 1200 Km entre 1995 et 1998
Doublement de la voie Tunis-Djedeida 25 Km			
Extension du métro léger Tunis 10 Km			
Pose des voies au dépôt SMLT de l'Ariana			
Construction de nouvelle gare BAMAKO			

Tableau 1 : Activité de la société

16

Présentation des engins de la société :

Structure mécano soudée avec levage par vérins et câbles.
• pose ou renouvellent jusqu'à 400 m de voie par heure
• capacité totale de levage : 26 t par paire de portiques
• panneaux de 2x18 m maxi et jusqu'à 60 traverses bois ou 40 traverses béton
• poutre travailleuse à chaînettes ou hydraulique, dispositif intégré de ripage de la charge
• transmission hydrostatique intégrale sur chemin de roulement pour voies de 1000 à 1676 mm, 18 km/h en charge en palier
•puissance:88ch.
• transport sur wagon surbaissé

Figure 4 : Portiques de pose et renouvellement

• chariot automoteur hydraulique pour la pose et dépose des LRS et des rails par un seul opérateur.
• rendement : 800 m/h.
• mise à l'écartement : 914 à 3330 mm.
• manutentionne les rails de 37 à 70 kg/m.
• levage : 500 mm, capacité : 4,5 t, appuis pour tout type de traverse.
• kit de mise hors voie rapide.
• un troisième vérin disponible pour la manutention d'un seul rail.
• prise de force pour alimenter l'ATR 6 et 16.

Figure 5: chariot poseur rails

17

Figure 6: Bourreuse de la voie

Une bourreuse (le terme exact est **bourreuse-dresseuse-auto niveleuse**, car les machines modernes remplissent ces trois fonctions, ce qui n'était pas le cas des premières machines) est un engin de travaux ferroviaires servant au positionnement de la voie et au compactage du ballast sous les traverses. Dont le principe du bourrage mécanique des voies a été inventé par Auguste Scheuchzer

On distingue les bourreuses de voie courantes, des bourreuses d'appareils de voie (communément appelées aiguillages, à tort). A la SNCF il y a eu deux types de bourreuses:

- les bourreuses d'appareils de voie du type 08-75 GV dont le symbole a pour signification Géométrie Variable.

- les bourreuses de voie courante du type 08-75 GS dont le symbole a pour signification Géométrie Simple. La différence entre ces machines est le nombre de bourroirs. Sur les GV il y a 8 bourroirs orientables et escamotables

Moyens matériels :

Nombre	Les engins
1	Bourreuse d'appareil de voie métrique
5	Bourreuse dresseuse niveleuse : ➢ 4 Bourreuse voie métrique. ➢ 1 Bourreuse voie normale.
1	Soudeuse par étincelage voie métrique et voie normale
2	Dégarnisseuses : ➢ Pour la voie métrique. ➢ Pour la voie normale.
5	Régaleuse : ➢ Pour la voie normale. ➢ Pour la voie métrique.
2	Paires de portique.
1	Bourreuse légère voie normale.
6	Chargeurs rails- route.
3	Engins de terrassements.
40	Unité de transports de personnel de chantier.
20	Voiture de chantier.

Tableau 2: Moyens matériels

Petits engins mécaniques de la voie :

Nombre	Désignation
52	Tirefonneuses
10	Moto-scies
20	Tronçonneuses
20	Moto-perceuses
20	Moto-mouleuses
10	Ebavureuses
26	Moteur-Chargeur rail
10	Groupes de préchauffage
16	Portiques de pose rails
4	Chariot poseur rail
3	Ripeuses
1	Cintreuse hydraulique

Tableau 3: Petits engins mécaniques de la voie

Les partenaires de la société SOTRAFER :

> *STUMETRA* (Société Tuniso-Malienne d'engineering est des travaux).
> *ITALFER* (Italie).
> *ANSALDO* (Italie).
> *EFFACEC* (Portugal).

Ressource humaine :

L effectif de la société compte environ 1100 agents dont :

> 30 ingénieurs et cadres ayant une connaissance approfondie dans le domaine de voie ferroviaire.

> 260 techniciens maîtrisant les techniques modernes de réalisation des travaux de voie ferroviaire (conducteurs des travaux, conducteur d'engin topographie).

Indication financière :

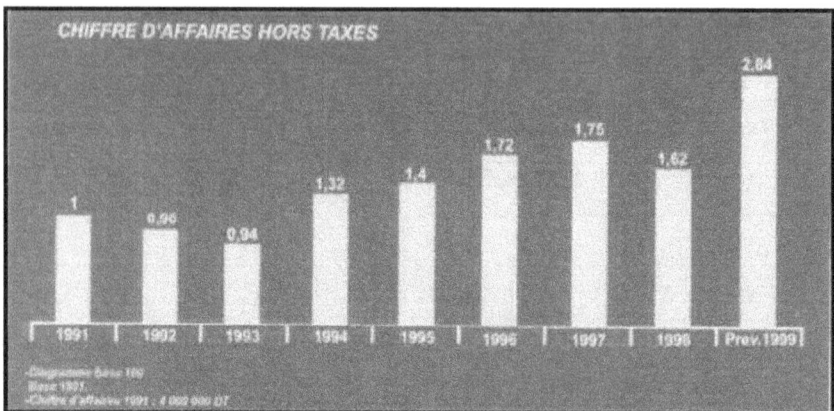

Figure 7: Evolution financière de la société

CHAPITRE II

Etude bibliographique

1- Généralités sur la voie ferrée ballastée :

Le chemin de fer est une alternative à la voiture, aux camions et à la congestion des portes de nos grandes agglomérations. Il permet des déplacements efficaces.

Les divers types des trains relient très rapidement les grandes métropoles. Ils permettent au chemin de fer de mieux concurrencer l'automobile et plus encore l'avion. Si le chemin de fer est un des produits ou une des conséquences de la révolution industrielle mais aussi une des causes, c'est grâce à lui qu'on a pu transporter facilement les marchandises sur de grandes distances, et qu'ont été rendues possibles les grandes concentrations de population dans les villes industrielles avec développement du tramway et des métros.

2-Structure de la voie ferrée :

Les caractéristiques de la voie répondent à des exigences géométriques et mécaniques qui assurent une qualité continue et homogène sur le réseau de lignes à grande vitesse. Le dimensionnement de la voie est régi par des règles génériques.

La plate-forme (ou structure d'assise) supporte la voie à l'écartement standard de *1,435 m* avec un entraxe porté à 4,50 m (3,57 m sur la plupart des voies classiques). Pour permettre une circulation commerciale à une vitesse de l'ordre de 120 km/h, les éléments constitutifs de la voie nécessitent des conditions très strictes de fabrication et de mise en œuvre.

La voie ferrée est constituée de rails posés sur des traverses enchâssées dans du ballast ou du béton, après aménagement d'une plate-forme.

Pour permettre le passage des trains d une voie à une autre, on installe des dispositifs particuliers appelés aiguillages, constitués de rails et de pièces usinées.

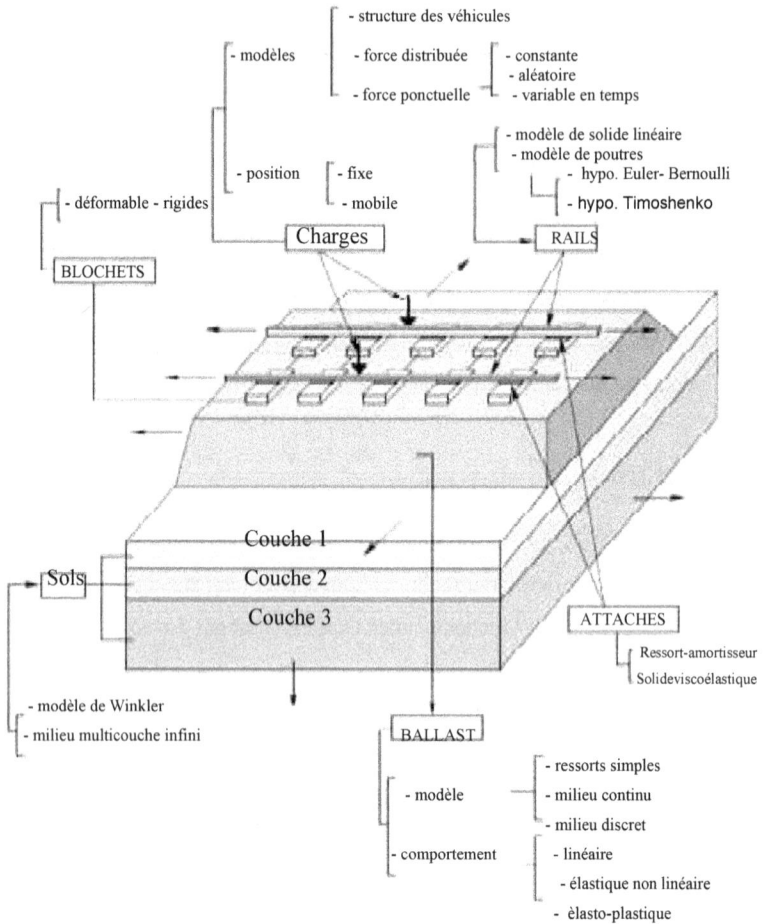

Figure 8: Modélisation des voies ferrées.

a- La plate forme :

On réalise, au préalable, une plate-forme constituée de couches successives de matériaux parfaitement compactés sur laquelle viendra se poser la voie ferrée. Pour supporter le poids des trains et de la voie ferrée, ainsi que pour assurer l'écoulement des eaux de pluie.

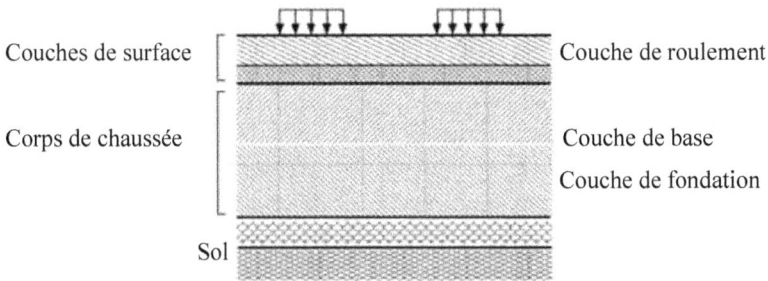

Couches de surface — Couche de roulement

Corps de chaussée — Couche de base — Couche de fondation

Sol

Figure 9 : schématisation de la plateforme

b- Le ballast :

Il est constitué de matériaux de carrière résistants durs, non gélifs (gneiss, porphyres, basaltes, etc.) anguleux et ayant une très forte résistance à l'abrasion. Ce n'est pas un simple caillou mais un granulat produit à l'issue d'un processus industriel de fabrication et répondant à des caractéristiques précises et rigoureuses (formes, dureté, propreté etc.)

Son rôle est de :

> ➤ supporter, transmettre et répartir les charges.
> ➤ amortir les vibrations.
> ➤ ancrer les traverses.
> ➤ drainer rapidement les eaux de pluie.

c- Les traverses :

Les traverses sont des éléments en bois, en métal ou en béton. Elles sont placées en travers de la voie pour maintenir l'écartement des rails et transmettre les charges du rail au ballast. Les rails y sont fixés par différents systèmes d'attaches (vis, clips, boulons).

Leurs dimensions sont d'environ 2,60 m de longueur, 0,25 m de largeur et 0,15 m.

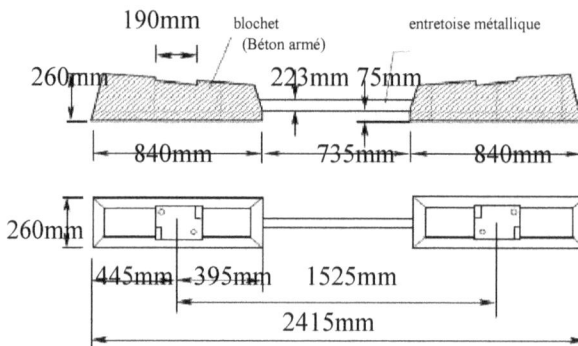

Figure 10 : Section de la traverse en béton

d- Les rails :

Les rails sont des barres d'acier profilées, mises bout à bout et posées sur les traverses en deux lignes parallèles afin de constituer la voie ferrée. Ils servent au guidage des roues des convois, à la transmission des informations nécessaires à la bonne marche du train et au retour du courant de traction. Les poses de rails neufs sont faites, dans la plupart des pays, en longs rails soudés (LRS). Les barres en provenance de la sidérurgie sont soudées par étincelage en atelier en longueur de 400 m et transportées sur des rames de wagons spécialement aménagés jusqu'au chantier où ils sont déchargés et mis en voie.

25

Les tronçons de 400 m sont ensuite raccordés ensemble, pour ne former qu'un rail unique, par soudure aluminothermique ou par étincelage à l'aide de soudeuses mobiles montées sur wagon.

Ce qui caractérise un rail est :

➢ Le profil du rail.

➢ La hauteur du rail,

➢ La largeur de son champignon (partie supérieure qui reçoit la roue).

➢ La largeur de son patin (partie inférieure du rail qui repose sur la traverse).

➢ L'épaisseur de l'âme du rail (partie intermédiaire qui relie champignon et patin).

➢ L'aire de la section totale du rail.

➢ La masse (en kg/m) en norme de l'Union Internationale des Chemins de fer UIC. Un rail UIC 60 a une masse linéique de 60 kg/m (dénomination européenne 60 E1)

➢ La nuance d'acier du rail détermine la réaction à la traction. Ex : la nuance 900 correspond à une résistance à la traction de 880 à 1030 N/mm² (dénomination européenne 260)

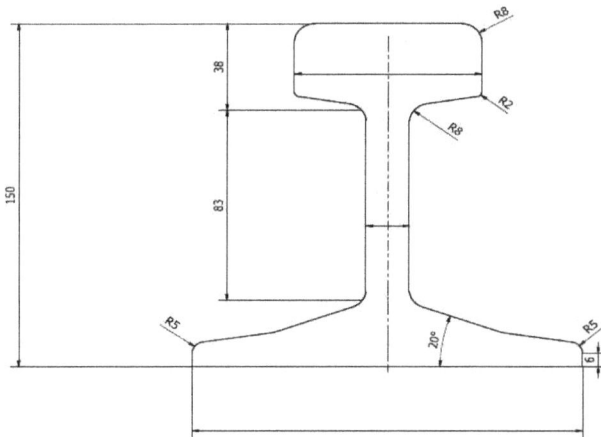

Figure 11 : Profil du rail Vignole

26

- Fabrication des rails

- Tous les rails utilisés sont en acier et de profils différents suivant leur utilisation. Il y a trois phases principales dans la fabrication des rails :

➢ La production de fonte par réduction du minerai de fer dans les hauts fourneaux.

➢ La conversion de cette fonte en acier par combustion du carbone excédentaire.

➢ La coulée en lingots, le laminage par passes successives jusqu'à l'obtention au profil désiré. La longueur élémentaire des rails a constamment évolué depuis les origines du chemin de fer.

e- Les appareils des voies :

Les éléments constitutifs d'un appareil de voie sont "l'aiguillage" et "le croisement". Les "appareils de voie" sont constitués de rails spéciaux (croisement de rails) et d'éléments mobiles (aiguille). Ils permettent le passage d'une voie à une ou plusieurs autres.

Les éléments constitutifs d'un appareil de voie sont :

➢ L'aiguillage : Partie constituée de rails et de lames usinées et articulées qui assurent la continuité d'un des 2 ou 3 itinéraires divergents à l'origine de la divergence.

➢ Le croisement Partie de l'appareil assurant la continuité de deux itinéraires sécants au droit de l'intersection entre files opposées et comprenant un cœur de croisement en acier monobloc ou assemblés ; deux rails extérieurs équipés de contrerails avec entretoises de liaison.

➢ Organes de commande :

✓ Motorisation : Un moteur électrique, équipé de tringles rigides, permet le déplacement des 2 lames d'aiguille en fonction de l'itinéraire choisi.

✓ Système de verrouillage : Pour des raisons de sécurité, les appareils de voie parcourus par des trains rapides sont équipés d'un contrôle électrique de position afin d'immobiliser les lames d'aiguille dans la position choisie sur le rail contre aiguille. Pour éviter le calage de l'aiguille par la neige ou le gel, l'aiguillage est équipé de résistances chauffantes, ou de rampes au gaz propane.

✓　　　　Le branchement de deux ou trois voies symétrique ou non :

* communication

* déviation

* Les traversées :

* La traversée jonction simple

* La traversée jonction double

* La traversée oblique.

Remarque :

On a deux types de voie ferroviaire :

> *Voie métrique* : écartement entre les deux rails égal à 1000 mm.

> *Voie normale* : écartement entre les deux rails égal à 1435 mm.

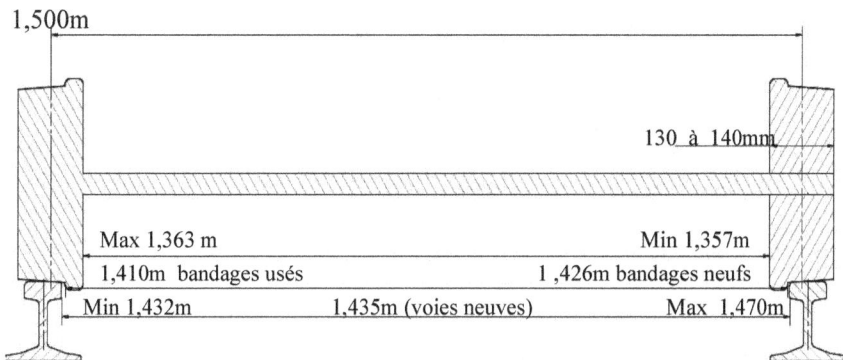

1,500m

130 à 140mm

Max 1,363 m   Min 1,357m

1,410m bandages usés   1 ,426m bandages neufs

Min 1,432m   1,435m (voies neuves)   Max 1,470m

Figure 12 : voie normale

28

3- Les défauts géométriques de la voie ferroviaire :

a- Qualité de la Voie :

Pour déterminer la qualité de la voie, il existe des indicateurs, pour les différents modes de dégradations, permettant de qualifier la dégradation mesurée sur plusieurs mètres voie. Ces indicateurs sont intégrés au chariot de mesure.

Le chariot permet, d.une part de suivre l'évolution de la qualité globale de la géométrie de la voie, d'autre part de programmer les travaux continus de correction lorsqu'ils concernent une zone de voie étendue. Les valeurs moyennes obtenues sont comparées à des valeurs de référence ; l'une (basse) constituant l'objectif minimal à obtenir après une opération d'entretien, la deuxième (haute) correspondant au niveau qu'il est souhaitable de ne pas dépasser pour ne pas risquer une sensible dégradation du confort. Les relevés des indicateurs sont basés sur les résultats des tournées de surveillances.

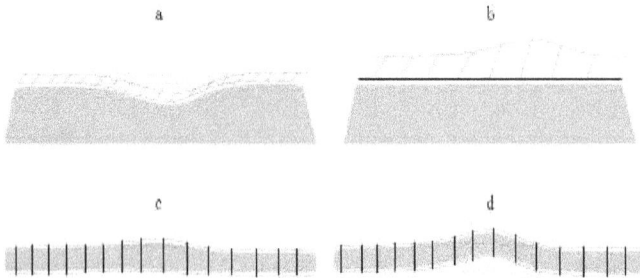

Figure 13 : Différents défauts ponctuels de géométrie de la voie.

a : nivellement longitudinal, vue latérale.

b : nivellement transversal, vue latérale.

c : écartement, vue supérieure.

d : dressage, vue supérieure.

29

b- Indicateurs Synthétique :

Pour chaque type de dégradation (figure 13), il existe un indicateur synthétique qui résume la qualité de la géométrie de voie sur 200m ou un kilomètre. Les indicateurs synthétiques sont utilisés pour évaluer l'évolution de la qualité de la voie. Ces indicateurs synthétiques sont calculés à partir des signaux électriques et des informations enregistrées par les capteurs électriques. Le traitement réalisé sur ces signaux permet d'évaluer les écarts moyens sur 200m :

➢ NL : nivellement longitudinal. Le nivellement longitudinal est obtenu à partir de la dénivellation locale mesurée sur chaque file de rail par rapport au profil en long moyen de la voie.

➢ NT : nivellement transversal. Le nivellement transversal est obtenu à partir des signaux utilisés pour la base allongée.

➢ D : dressage. Le dressage de la voie traduit la régularité du tracé réel.

➢ Ec : La moyenne d'écartement.

c- Dégradation de la Qualité de la Voie :

La dégradation de la géométrie de la voie se traduit par une évolution défavorable de la position de la table de roulement. La voie peut se dégrader de différentes façons, c'est la raison pour laquelle différents défauts sont identifiés :

➢ Défauts de nivellement longitudinal et transversal,

➢ Défauts de dressage,

➢ défauts d'écartement.

Les différents types de défaut sont présentés dans la figure 13.

Pour chaque mode de dégradation et pour différentes longueurs de défaut, il existe des indicateurs mesurables qui permettent d'exprimer quantitativement la dégradation. Il est alors possible de détecter les défauts ponctuels, présentés dans la figure 13.

d- Les types de défauts géométriques de la voie ferroviaire :

Les défauts géométriques de la voie ferroviaire se traduisent en quatre défauts principales sont :

Dressage :

C'est un défaut géométrie situé dans le plan horizontale dans le plan transversal.

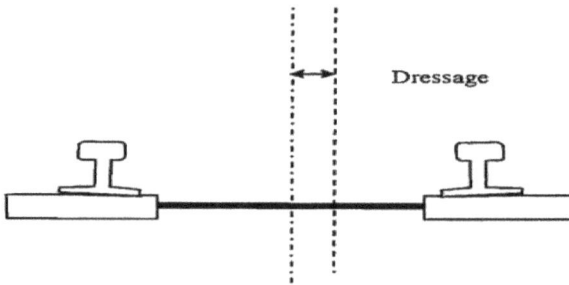

Figure 14: Défaut de dressage

Nivellement :

Le nivellement est un défaut géométrique qui se compose de deux types :

* Nivellement longitudinal :

Il est situé dans le plan vertical. Il est mesuré par l'écartement en millimètres d'un point au dessus du rail au niveau le plan de roulement par rapport à la ligne moyenne idéale de profil en long.

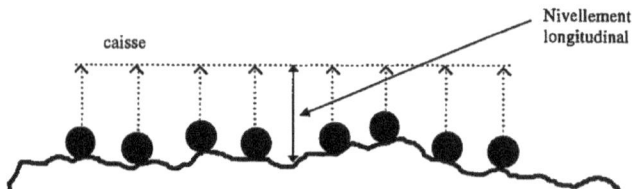

Figure 15: Nivellement longitudinale

* Nivellement transversal :

Il est situé dans le plan vertical, dans la direction transversale. Il est représenté par la différence en millimètres des nivellements longitudinaux des deux files de rails.

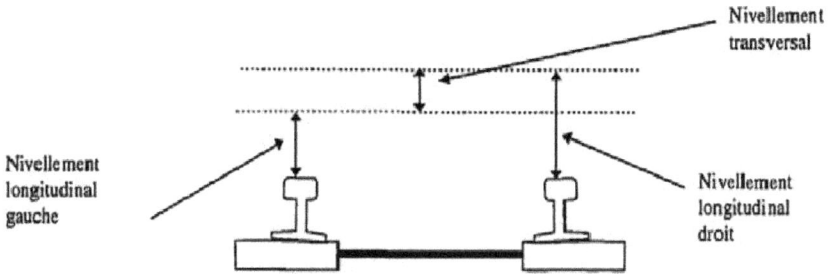

Figure 16: Nivellement transversale

Le dévers :

Le dévers par définition est le surhaussement entre les deux fils de rails dans la direction rectiligne ou en courbe.

En courbe, si la voie restait posée sur un plan horizontal, les mentonnets des bandages (sous l'effet de la force centrifuge) presseraient contre le rail extérieur. Et pour éviter cela, le plan de la voie devra être disposé perpendiculairement à la résultante des forces qui agissent sur le train (figure 17). Or, en courbe, ces forces sont, en ordre principal, la force centrifuge et la gravité ; leur résultante étant oblique, le plan de la voie doit être incliné transversalement. Du chef de ce dévers, le rail extérieur est surhaussé par rapport au rail intérieur.

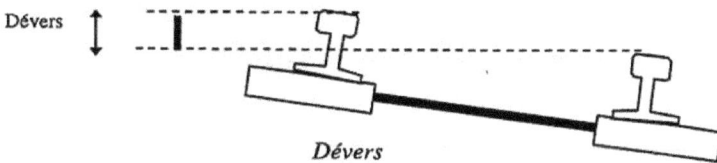

Figure 17:Dévers

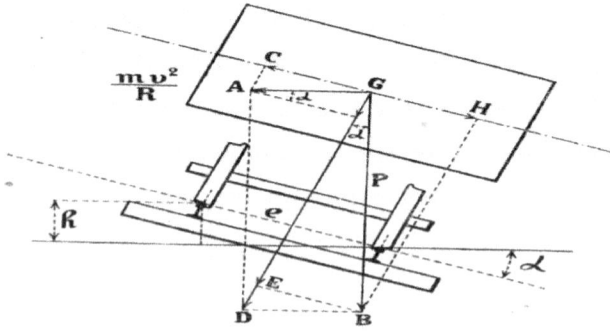

Figure 18: Représentation de la force centrifuge et le poids d'une courbe

Avec : la force centrifuge $\frac{mv^2}{R}$; m : masse de véhicule en Kg; v: vitesse du véhicule en m/s et R: rayon de la courbe en m.

Gauche :

On suppose que :

* D1 : dévers en point en M0

* D2 : dévers en point en M1 après un mètre de M0

G= D1-D2

Ecartement :

C'est la distance en millimètres entre les deux faces internes des rails dans le plan horizontale et au dessous du plan de roulement.

Figure 19: Ecartement

CHAPITRE III

Projet d'étude et conception d'un chariot de mesurer

1- Objectif :

Concevoir un chariot capable de mesurer avec précision les défauts (dévers, dressages et nivellements.) de la voie ferrée en indiquant ou marquant l'emplacement de ces défauts et en donnant des indications de la correction en cm, et de pouvoir contrôler la qualité de la voie et se munir d'un papier permettant la traçabilité des travaux de contrôle et améliorer ainsi la qualité du travail.

2- Problématique:

Actuellement, la mesure de ces défauts peut se faire par une bourreuse dont son rôle principal est l'entretien de la voie.

Par conséquent, on demande de concevoir un châssis adéquat capable de circuler sur la voie ferrée et doté d'un outil de mesure capable de donner des résultats repérables sur un papier permettant ainsi une autonomie qui permet de mieux gérer le matériel de société. Alors, on demande d'installer un système de mesure en s'inspirant de celui de la bourreuse. D'ou l'idée de concevoir des chariots comme celui de la bourreuse et les installer sur une carrosserie capable de circuler sur la voie ferrée a une vitesse max de 50 Km/h. En pensant, à une solution pour les mesures des paramètres de la voie.

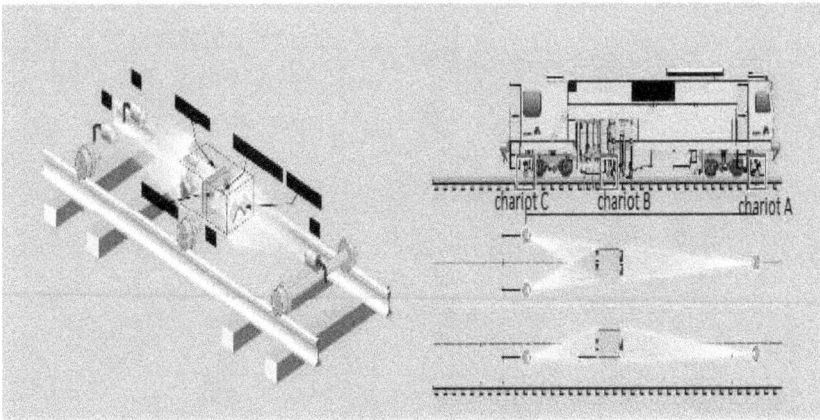

Figure 20: chariots des mesures bourreuse

Figure 21:Les trois chariots des mesures bourreuse

Remarque:

La trajectoire de la voie ferrée possède une certaine spécificité. D'abord, en alignement, les deux rails ont le même niveau. Alors, il n'y a aucun problème de suivre cette trajectoire. Mais, en courbe, la carrosserie doit faire une rotation suivant deux plans (YOZ) et (XOY).

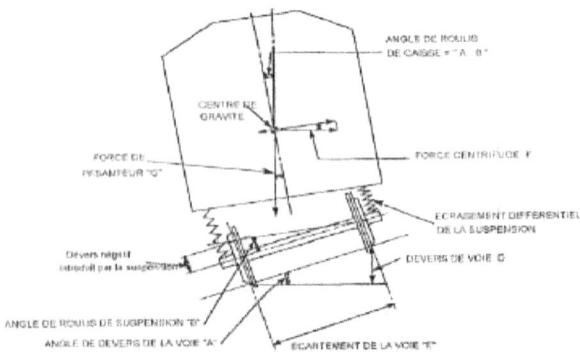

Figure 22: Comportement de la suspension d'un véhicule en courbe
(La rotation de la carrosserie par rapport à la bogie)

35

En circulation ferroviaire, les limitations de vitesse sont déterminées par la circulation en courbe du véhicule. Les principaux aspects qui doivent être pris en compte dans la limitation de la vitesse en courbe sont :

- le confort des voyageurs,

- la résistance transversale de la voie,

- le risque de déraillement du véhicule.

Le confort des voyageurs est, en général, la limite la plus basse et conditionne souvent la vitesse limite des trains. Durant la circulation en courbe d'un véhicule, l'accélération transversale non compensée dans le plan de la voie est donnée par l'expression :

$$\gamma_{NC} = (V^2 / R) - (Dg/E)$$

γ NC= accélération transversale non compensée

V = vitesse de circulation du véhicule

R = rayon de la courbe

D = dévers existant

E = distance entre les cercles de roulement des roues d'un essieu

g = accélération de la gravité

Pour annuler l'accélération non compensée, le dévers de la voie devrait être :

$$D \quad \frac{V^2 E}{Rg}$$

Par exemple, pour une courbe de rayon 300 m on aurait besoin d'un dévers supérieur à 300 mm pour une vitesse de circulation de 100 km/h.

Etant donné que l'expérience déconseille de poser la voie avec un dévers supérieur à160mm, une partie de l'accélération centrifuge ne sera pas compensée.

La différence entre le dévers nécessaire pour annuler les effets de la force centrifuge et le dévers existant en voie est appelée insuffisance de dévers :

$$I \quad \frac{v^2 E}{Rg} - D$$

Et le voyageur perçoit une accélération transversale non compensée :

$$\gamma\, T = (1 + s)\ \frac{I}{E}$$

où :

- I est l'insuffisance de dévers.

- γ_T est l'accélération centrifuge ressentie par le voyageur.

- s est le coefficient de souplesse de la suspension, c'est à dire la diminution relative de l'angle de roulis de caisse due à l'affaissement différentiel de la suspension.

Pour l'instant, on a considéré exclusivement l'action de la force centrifuge. Mais l'accélération totale ressentie par le voyageur n'est pas seulement due à l'accélération transversale permanente supportée en caisse par les voyageurs, mais aussi aux variations de celle-ci dans les raccordements de courbes, et aux variations aléatoires dues aux défauts de géométrie de la voie. D'où le fait que pour accepter des valeurs élevées de l'insuffisance de dévers il faille assurer une bonne qualité géométrique de la voie.

La résistance transversale de la voie:

Durant la circulation, le matériel ferroviaire exerce des efforts transversaux qui ne doivent pas dépasser la capacité résistante de la voie. Cette limite de résistance transversale de la voie s'exprime par la limite dite de Prud'homme,

$$\text{Hlim}\quad 10 + \frac{P0}{3}$$

P0 étant la charge statique de l'essieu (en kN) où Hlim est la limite d'effort transversal que peut exercer un essieu sur la voie sans ripage, et P0 (en kN) est la charge statique par essieu. Cette formule de Prud'homme est la limite applicable à une voie en traverses bois, rail U33 et immédiatement après une opération de bourrage. Cette limite de résistance latérale varie non seulement avec l'état de stabilisation de la voie, qui peut atteindre à peu près 1,9 fois la résistance restant après le bourrage après avoir attendu 300000 tonnes de trafic, mais aussi avec le type de voie, et en particulier avec le type de traverse.

Les efforts transversaux exercés par un essieu dans la voie viennent de l'insuffisance de dévers qui participe au travers d'un effort quasi-statique, des défauts de géométrie de la voie et des mouvements d'instabilité. Les défauts de géométrie créent des accélérations transversales des différents éléments du véhicule (essieux, bogie, caisse) qui forment une composante aléatoire de ces efforts au travers des systèmes de suspension et du contact roue-rail. Ces liaisons se raidissent en fonction de l'insuffisance de dévers, ce qui explique que cette part aléatoire des efforts soit une fonction croissante de la vitesse et de l'insuffisance de dévers, et décroissante de la qualité géométrique de la voie.

D'autre part, les mouvements d'instabilité, c'est à dire les mouvements transversaux auto générés par l'énergie d'avancement, entraînent en général des accélérations transversales de bogie très élevées, qui ne sont pas supportables par la voie. La conception des bogies et de leurs liaisons avec la caisse (amortisseurs antilacet) protège de ces effets.

Le risque de déraillement du véhicule:

Lorsqu'un essieu directeur (essieu assurant le guidage latéral, en contact avec le rail extérieur) rencontre un défaut de géométrie important, la roue guidante extérieure exerce un effort latéral de roue important pour le ramener sur sa trajectoire normale ; si cet effort latéral Y à la roue guidant dépasse une valeur fonction de la charge verticale Q de cette roue, cette dernière peut monter sur le rail, ce qui entraîne le déraillement. On constate donc que le déraillement est en général postérieur à la création d'un défaut de géométrie de voie, et donc à la limite de ripage.

La pendulation:

En général, il existe une marge importante entre la limite de confort, directement liée à l'insuffisance de dévers, et la limite de ripage. C'est à dire que le critère de résistance transversale de la voie permettrait d'adopter des valeurs de l'insuffisance de dévers notablement plus élevées que la valeur exigée par la condition de confort. Penduler, ou compenser l'insuffisance de dévers, a pour objectif d'exploiter cette gamme de vitesses de circulation, où le système est limité par le confort du voyageur pour des insuffisances de dévers élevées, mais où les limites de ripage ne sont pas encore atteintes.

CHAPITRE IV

Description du besoin et étude fonctionnelle

1- Analyse fonctionnel :

a- Analyse des besoins:

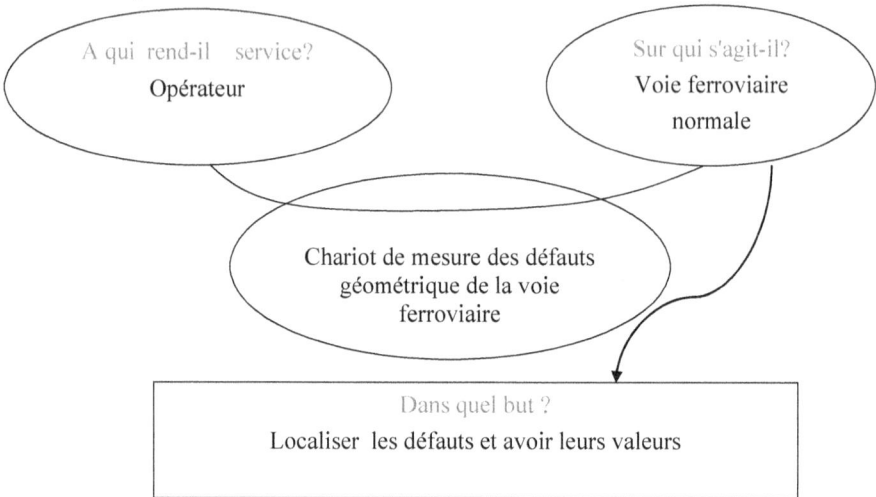

Figure 23 : Bête à corne

b- Recherche des fonctions des services :
Diagramme de Pieuvre:

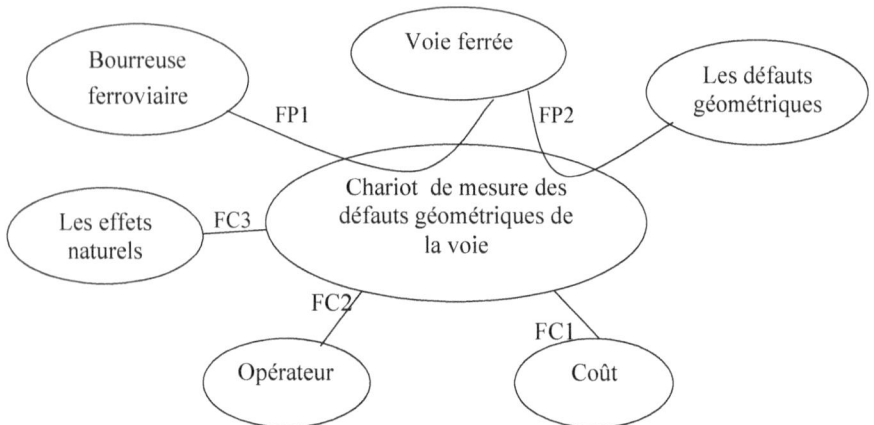

Figure 24 : Diagramme de pieuvre

➢ Les fonctions principales:

FP1: Remorquer le chariot de mesure sur la voie ferrée par la bourreuse.

FP2: Détecter les défauts géométriques de la voie ferrée.

➢ Les fonctions contraintes:

FC1: Optimiser le coût de la réalisation.

FC2: Donner les informations nécessaires à l'operateur.

FC3: Résister à tous les effets naturels au cours de fonctionnement.

Diagramme de FAST:

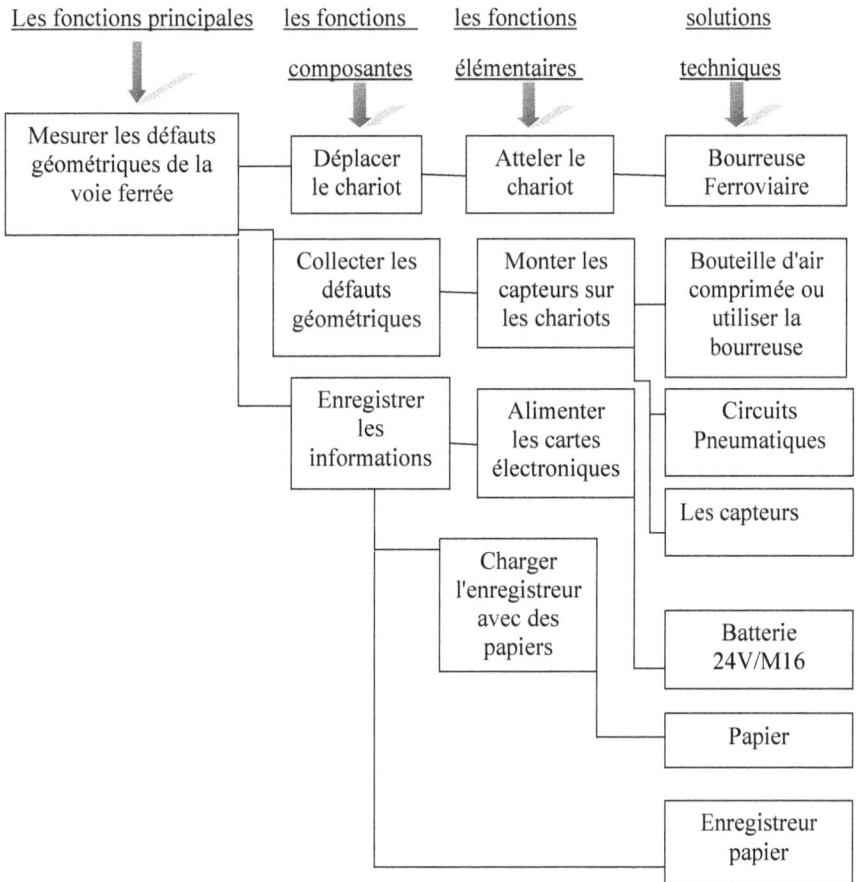

Figure 25 : Diagramme de FAST

Diagramme de SADT:

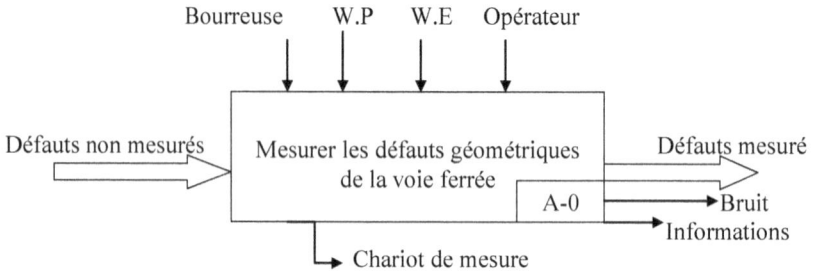

Figure 26 : Diagramme de SADT

Modèle de FAST:

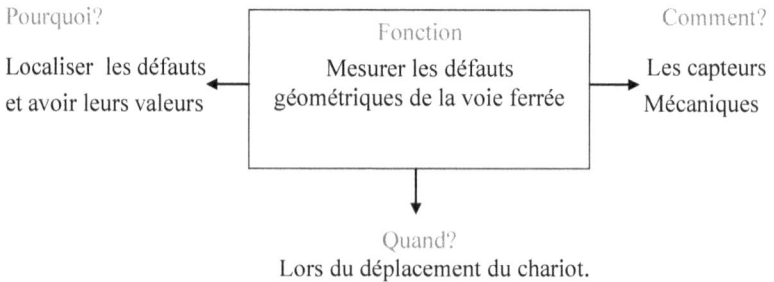

Figure 27 : Modèle de FAST

41

2- Choix de la solution :

a- *Première solution:*

On peut acheter un bogie porteur. Il suffit de monter la carrosserie du chariot sur ce dernier (voir figure 28).

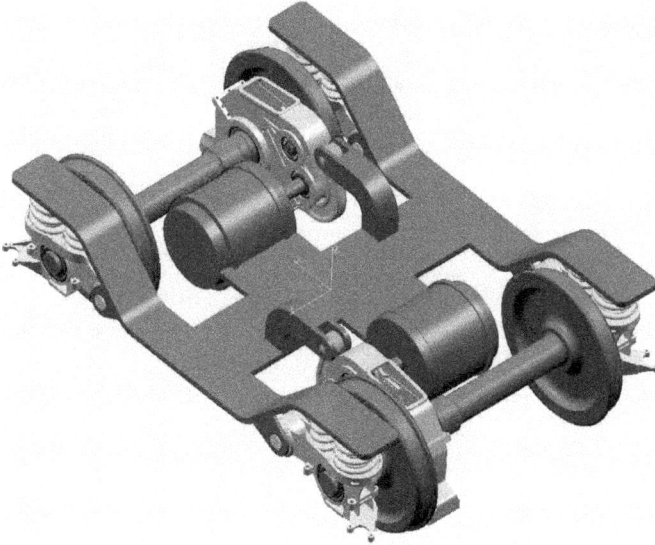

Figure 28 : Bogie porteur

Avantage :

> ➢ Solution facile.

Inconvénient:

> ➢ Couteux

> ➢ Le bogie est conçu pour supporter des charges plus importantes que le poids du chariot. Et on a aussi un surdimensionnement.

b- Deuxième solution:

On propose dans cette solution une conception comme la montre la figure 29. Cette solution exploite le cadre et les deux axes en les mettant dans un système qui fait le rôle d'un bogie porteur. Et on aura un système où on peut loger trois chariots et les équipements de mesures.

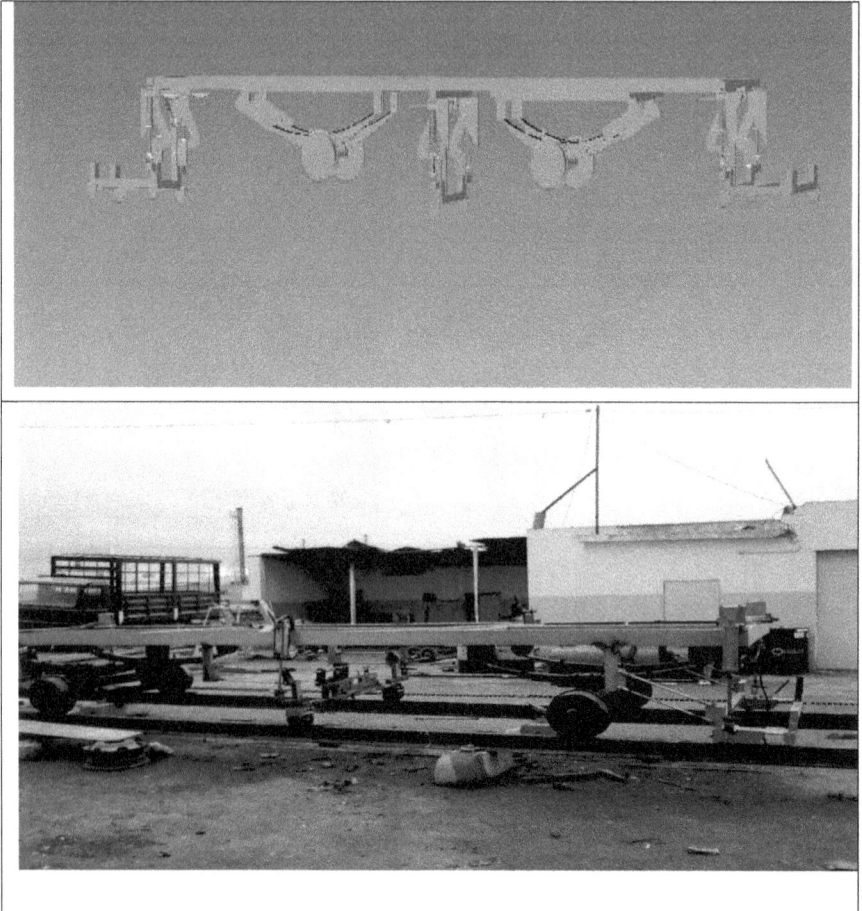

Figure 29 : chariot de mesure des défauts géométriques de la voie ferrée

43

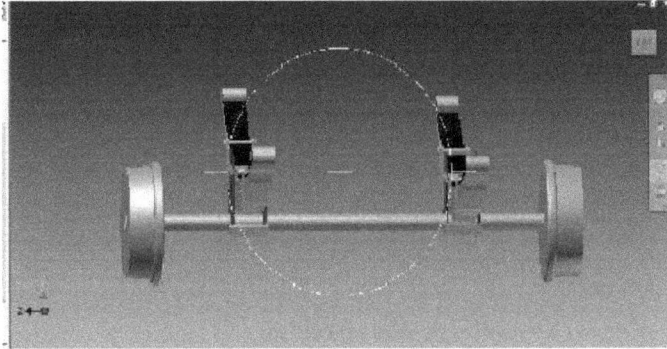

Figure 30 : Essieu chariot de mesure des défauts géométriques de la voie ferrée

Avantage:

➤ On exploite le cadre du chariot et les deux axes.

➤ On optimise le coût.

➤ On obtient le roulement sur la voie sans déraillement.

Inconvénient:

➤ Pas agréable côté esthétique.

c- Conclusion:

Après la citation de deux solutions, on va choisir la deuxième solution parce qu'elle est plus économique.

CHAPITRE V

Etude et conception mécanique de la solution choisie

1- Description de la fonction du système :

On a deux types de voies:

- Voie normale (écartement 1435mm). Et notre chariot va rouler sur cette voie.

- Voie métrique (écartement 1m).

Lorsque le chariot roule sur la voie, les trois chariots de mesure sont appliqués sur une file de voie grâce aux vérins d'application. En suivant la déviation de la voie transversale et longitudinale et en marquant les défauts à l'aide des capteurs installés sur chacun des chariots. Puis, ses défauts seront enregistrés sur un papier par un enregistreur à stylet.

Figure 31: les trois chariots appliqués sur une file de la voie

45

2- Schéma cinématique :

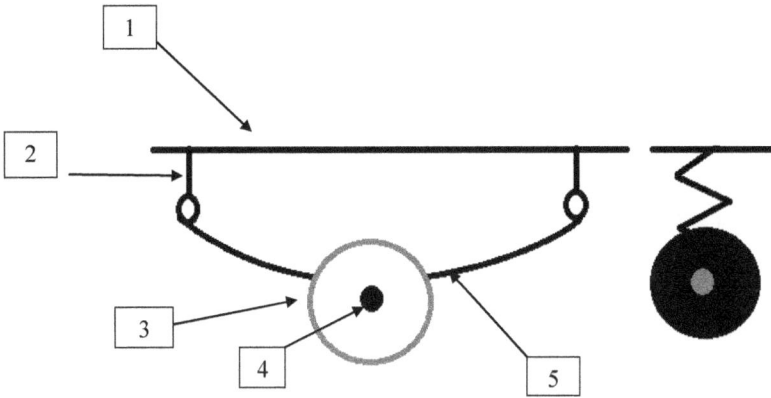

Figure 32: Schéma cinématique de la liaison essieu-carrosserie

Nomenclature de la figure 32:

1: La carrosserie.

2: Plaque supérieure de fixation du ressort à lames au châssis.

3: Roue.

4: Axe de roue.

5: Ressort à lames.

La longueur du chariot est égale à 6m et sa largeur est égale à 1.8m avec un empattement du chariot de 3 m et un empattement des trois chariots de mesures de 2m.

3- Etude du chariot de mesure des défauts géométriques de la ferrée :

a- les donnés de l'étude:

La masse totale estimée du chariot	8 000 Kg
La masse du l'essieu	2500 Kg
La masse actuelle du chariot	5000 kg
La masse du la carrosserie	3000 Kg
La vitesse maximale du chariot	50 Km/h
Le matériau pour les arbres	S355
Le matériau pour ressort à lames	55Si7

Tableau 4: Les donnés d'étude

b- les hypothèses de l'étude:

> ➤ On suppose l'accélération de pesanteur g= 10 m/s².
> ➤ On suppose que la vitesse est constante dans toute l'étude.
> ⟹ Par conséquent l'accélération est nulle.

c- Dimensionnement de ressort à lame :

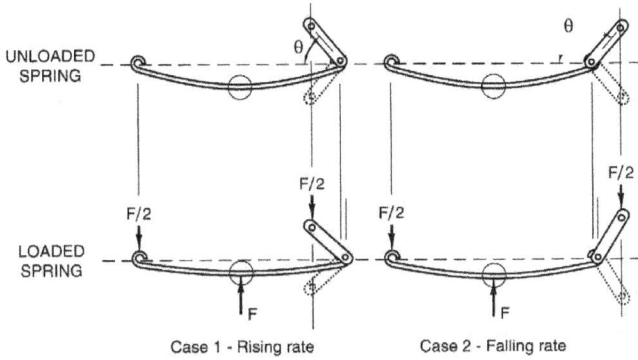

UNLOADED SPRING — LOADED SPRING — F/2 — F

Case 1 - Rising rate   Case 2 - Falling rate

Figure 33: Montage ressort à lame

On va dimensionner un ressort à lame qui a les caractéristiques suivantes:

Caractéristique ressort à lames :

Matériau de la lame	55Si7
E	200 000 MPa
σ_e	600 MPa
La masse totale du chariot supporté par la suspension	M= 8 000 Kg $F_t = M\,g = 80\ KN$
Coefficient de sécurité	S = 2
Type de ressort	Ressort à lames multiple (bras à section rectangulaire uniforme ; ressort ferroviaire)
Largeur de lame	b = 120 mm
La distance entre les deux œils de fixation	L = 2l = 1000mm l = 500mm

Tableau 5 : Caractéristique ressort à lames

Remarque:

Le chariot à quatre parties de suspension. Chaque partie comporte un ressort à lames. La charge est donc répartie sur quatre.

Charge supportée par le ressort à lame:

$$2F = \frac{Ft}{4} = 20\ KN$$

Le ressort sera modélisé par une poutre sur deux appuis simples.

La contrainte admissible du ressort:

$$\sigma_{adm} = \frac{\sigma e}{S} = \frac{600}{2} = 300\ MPa$$

L'épaisseur de la lame du ressort:

$$\sigma\ max\ \leq\ \sigma\ adm\ \text{Or}\ \sigma\ max\ = Mmax\ /\ (I/v)$$

Avec :

$$M\ max = Fl\ \text{Et}\ I = \frac{b\ e^3}{12}$$

Ainsi : $v = \frac{e}{2}$

Alors

$$\frac{6Fl}{be^2} \leq \sigma_{adm}$$

$$\Longrightarrow e \geq \sqrt{\frac{6Fl}{b\,\sigma_{adm}}} = 28.86\ mm$$

On choisit $e = 30\ mm$

La déflexion f : $f = \frac{F\,l^3}{4b\ e^3\ E} = 7.7\ mm$

La raideur K: $K = \frac{F}{f} \cong 1298.7\ N/mm$

Le nombre des lames n :

On choisit 2 lames d'épaisseur 10mm de longueur 1000mm.

Enfin une lame d'épaisseur 10mm de longueur 500mm.

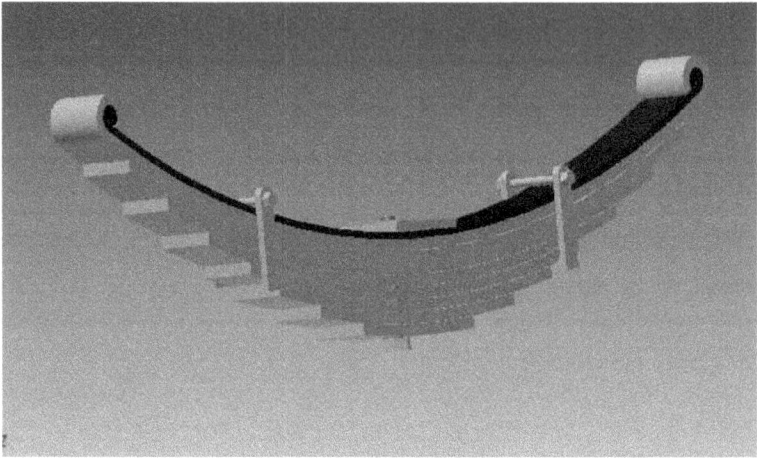

Figure 34: Ressort à lame

d- Dimensionnement de l'arbre des roues d'essieu :

Dans cette partie, on va dimensionner l'arbre des deux roues qu'est l'élément qui supporte toute la charge de chariot.

Caractéristique l'arbre des roues d'essieu :

Matériau de l'arbre	S355
E	205 000 MPa
σ_e	355 MPa
La masse totale du chariot supporté par la suspension	M= 8 000 Kg $F_t = M\,g = 80\ KN$
Coefficient de sécurité	S = 2
Largeur de l'arbre	l= 1435 mm

Tableau 6 : Caractéristique l'arbre des roues d'essieu

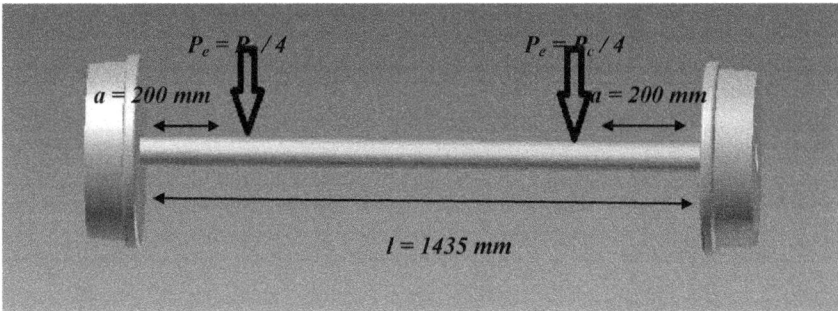

Figure 35: Répartition du poids sur l'arbre des deux roues

La répartition des forces est représentée dans la figure 35.

Model cinématique :

Hypothèse :

- La vitesse est constante.

On calcul $\vec{P_e}$:

$$\vec{P_e} = \begin{Bmatrix} 0 \\ 0 \\ 20000 \end{Bmatrix}$$

Dans cette partie, on va traiter deux modèles et on choisit le diamètre le plus grand.

- le premier modèle:

La poutre est supposée qu'elle repose sur deux appuis simples.

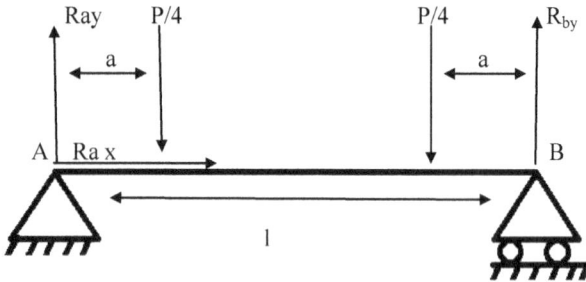

Pour déterminer les réactions, on applique le principe fondamental de la statique.

Soit RAX, RAY, RBX, RBY les composantes des réactions en A et B.

$$\sum \overrightarrow{F_{ext}} \quad \vec{0}$$

$$\sum \overrightarrow{M_{f/A}} \quad \vec{0}$$

$$\begin{cases} R_{Ay} \quad -\dfrac{2P}{4} + R_{By} \quad 0 \\ -\dfrac{Pa}{4} - \dfrac{P}{4}(l-a) + R_{By}\, l \quad 0 \end{cases}$$

$$R_{By} \quad \dfrac{P}{4}$$

$$R_{Ay} = R_{By} \quad \frac{P}{4}$$

Efforts tranchants :

$$0 \le x \le a: \quad T_y \quad -\frac{p}{4}$$

$$a \le x \le l-a: \quad T_y \quad 0$$

$$l-a \le x \le l: \quad T_y \quad \frac{p}{4}$$

Moments fléchissant :

$$0 \le x \le a: \quad M_y \quad \frac{Px}{4}$$

$$a \le x \le l-a: \quad M_y \quad \frac{Pa}{4}$$

$$l-a \le x \le l: \quad M_y \quad \frac{P}{4}(l-x)$$

	0	200	1235	1435
T_y	-20000	0	0	20000
M_y	0	4000000	4000000	0

Diagramme :

Moments fléchissant
[KN.mm]

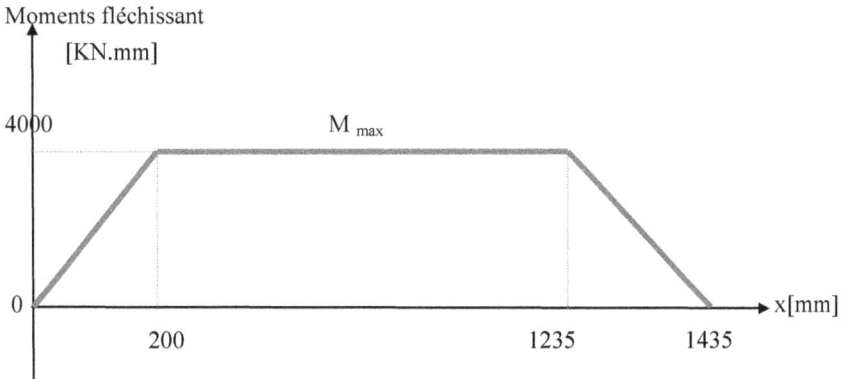

4000

M_{max}

0

200   1235   1435

x[mm]

Vérification par RDM6 :

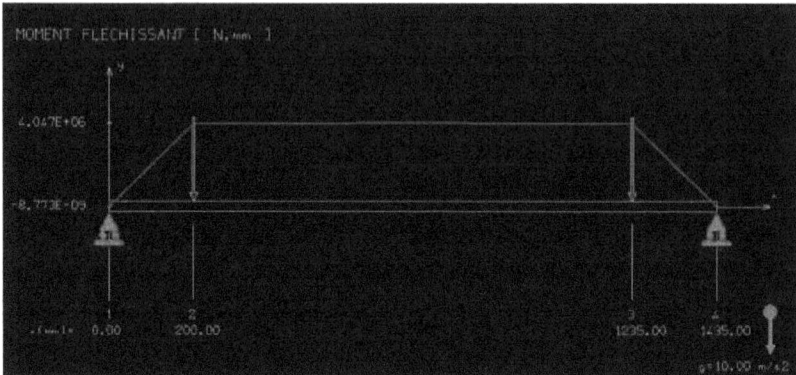

Figure 36: Diagramme de moment fléchissant

On aura le moment fléchissant maximal = 4000000N.mm.

La Condition de résistance en flexion est ;

$$|\sigma|_{max} \quad \frac{|M_{fmax}|}{W_z} \leq |\sigma_a|$$

Avec W max : appelé le module de résistance de la flexion.

$$W\ max \quad \frac{I}{V}$$

Module de résistance d'une section circulaire pleine:

$$W_{max} = \frac{\pi D^3}{32} = 0.1 D^3$$

On peut déterminer les dimensions de la section droite de la poutre à partir du module de résistance selon la condition de résistance.

$$|\sigma_{max}| \leq |\sigma_a| \quad \frac{\sigma_e}{s}$$

Avec :

σ_{max}: Contrainte maximale en MPa.

55

σ_a: Résistance admissible du matériau en MPa.

σ_e: Résistance élastique du matériau en MPa.

S: Coefficient de sécurité.

AN) σ_a = 177.5 MPa

$$D \geq \sqrt[3]{\frac{M_{fmax}}{\sigma_a \, 0.1}}$$

D ≥ 54.84 mm

- le deuxième modèle:

  La poutre est encastrée aux deux extrémités :

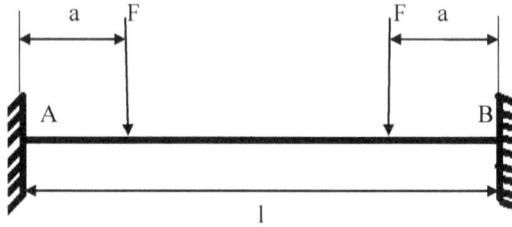

La poutre est constituée d'une travée AB, encastrée en A et B, chargée en a et l-a par F = p/4.

Soit R_{AX}, R_{AY}, R_{BX}, R_{BY}, M_{eA} et M_{eB} les composantes des réactions en A et B. Il s'agit d'un système hyperstatique d'ordre trois (six inconnus; trois équations).

Puisque les forces agissant sur la poutre sont des forces verticales et il n'y a pas de traction de la fibre neutre donc on peut supposer que $R_{AX} = R_{BX} = 0$. Le système devient un système à quatre inconnues et deux équations de la statique donc un système hyperstatique d'ordre deux.

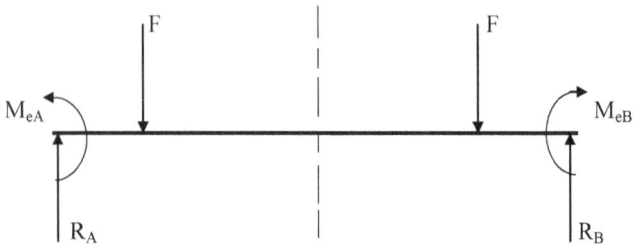

Pour déterminer les réactions, on applique le principe fondamental de la statique:

$$\sum F_y \quad 0 \implies R_A + R_B = 2F$$

$\sum M_{Az} \quad 0 \implies M_{eA} - M_{eB} + R_B l = Fl$

$\implies$ Symétrie par rapport au milieu de la poutre :

$$R_A = R_B \qquad \text{et } |M_{eA}| \quad |M_{eB}|$$

Donc on a $R_A = R_B = F$

Pour déterminer M_{eB}, on va chercher l'expression de la flèche en B.

Appliquant le principe de superposition :

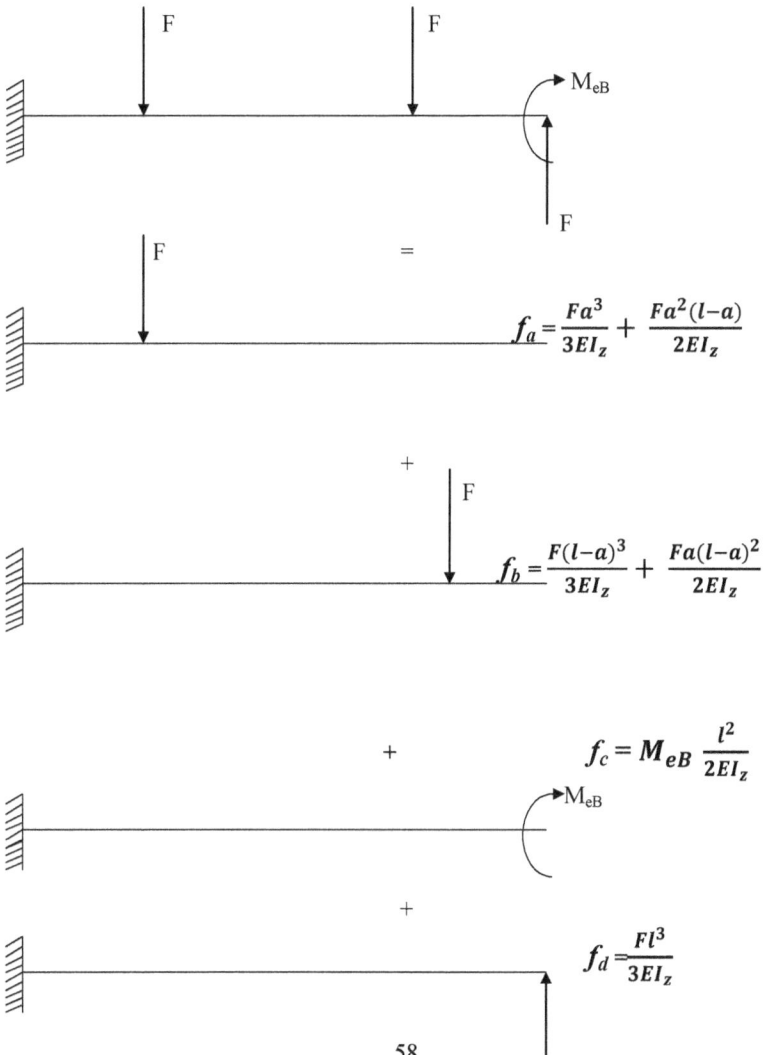

$$f_a = \frac{Fa^3}{3EI_z} + \frac{Fa^2(l-a)}{2EI_z}$$

$$f_b = \frac{F(l-a)^3}{3EI_z} + \frac{Fa(l-a)^2}{2EI_z}$$

$$f_c = M_{eB}\frac{l^2}{2EI_z}$$

$$f_d = \frac{Fl^3}{3EI_z}$$

58

F

La flèche F en B égal à zéro (encastrement).

$$F = 0$$
$$F = f_a + f_b - f_c - f_d$$

$$\frac{Fa^3}{3EI_z} + \frac{Fa^2(l-a)}{2EI_z} + \frac{F(l-a)^3}{3EI_z} + \frac{Fa(l-a)^2}{2EI_z} - M_{eB}\frac{l^2}{2EI_z} - \frac{Fl^3}{3EI_z} \quad 0$$

$$\frac{Fa^3 + F(l-a)^3 - Fl^3}{3} + \frac{Fa^2(l-a) + Fa(l-a)^2}{2} - M_{eB}\frac{l^2}{2} \quad 0$$

$$- \frac{Fal(l-a)}{2} - M_{eB}\frac{l^2}{2} \quad 0$$

$$M_{eB} - \frac{Fa(l-a)}{l} = M_{eA}$$

On a $F = \frac{P}{4}$

Efforts tranchants :

$$0 \leq x \leq a : \quad T_y \quad -F$$
$$a \leq x \leq l-a : \quad T_y \quad 0$$
$$l-a \leq x \leq l : \quad T_y \quad F$$

Moments fléchissant :

$$0 \leq x \leq a : \quad M_y \quad Fx - \frac{Fa}{l}(l-a)$$

$$a \leq x \leq l-a : \quad M_y \quad \frac{Fa^2}{l}$$

$$l-a \leq x \leq l : \quad M_y \quad -F(l-x) - \frac{Fa}{l}(l-a)$$

Diagramme :

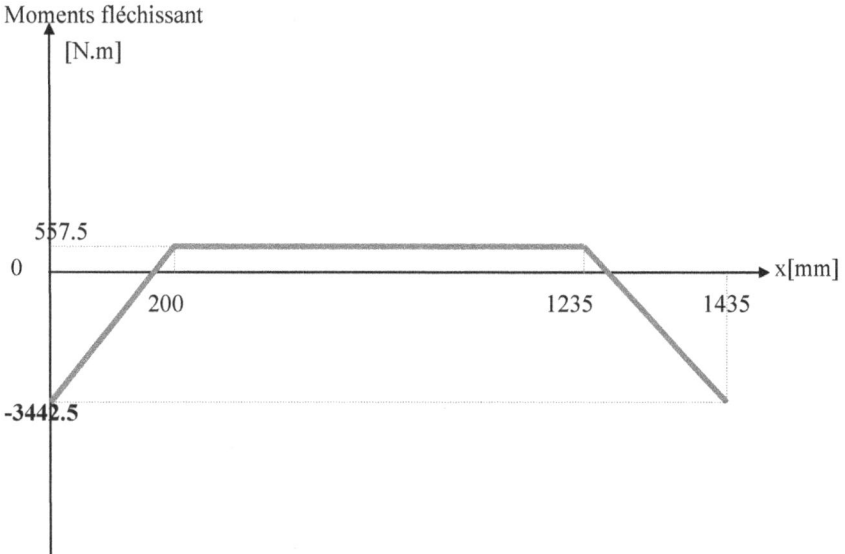

Vérification par RDM6 :

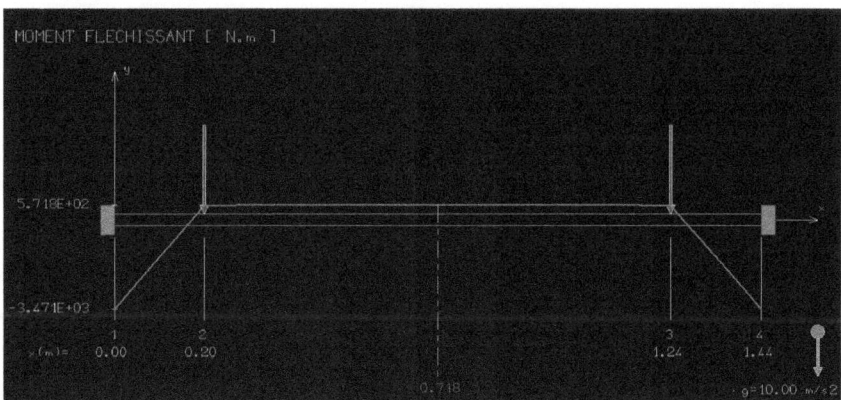

Figure 37: Diagramme de moment fléchissant

Le moment fléchissant maximal est 34710041N.mm.

$$D \geq \sqrt[3]{\frac{M_{fmax}}{\sigma_a \, 0.1}}$$

D $\geq$ 52.10 mm

Donc, on a choisi un diamètre égal à 100mm pour plus de sécurité.

CHAPITRE VI

Etude de la partie pneumatique

1- dimensionnement du dispositif de manœuvre:

a-Vérin de relevage du chariot:

a-1 Détermination de la course du vérin:

Le vérin de relevage vertical parcourt une course de 250mm pour monter et descendre le chariot soit pour l'application verticale sur le rail ou pour la position de verrouillage.

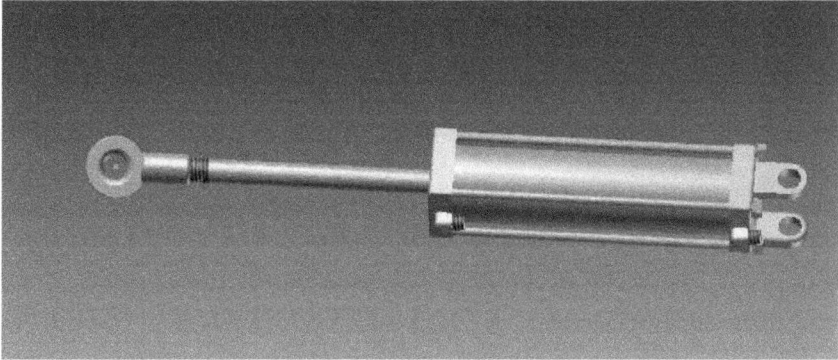

Figure 38: Vérin de relevage

a-2 Détermination du diamètre du vérin:

La pression d'utilisation (bar) étant la pression relative (ou manométrique) disponible à l'entrée de l'installation. La pression de 7 bars est considérée comme référence pour indiquer les caractéristiques de débits.

Le taux de charge (t_c) étant le rapport entre la charge réelle à déplacer et l'effort dynamique disponible sur la tige du vérin .Il a une valeur comprise entre 50 et 75%.

On prend une valeur de $t_c = 0.6$; $F_{th} = F_{dyn} / t_c$

Vérin	Force dynamique (N)	Force statique (théorique) (N)	Diamètre du vérin (mm)
Vérin de relevage	200	333.33	47

Tableau 7: Détermination du diamètre du vérin

D'après le catalogue du constructeur (Festo):

-On choisira deux vérins normalisés DSNU-50-250-PPV pour le relevage de chariot avant. Donc, on va prend 6 vérins pour les trois chariots.

Figure 39: Les Vérins de relevage montés sur le chariot

a-3 choix du distributeur:

Le distributeur pneumatique est le constituant de la chaine d'énergie qui permet, à partir d'un ordre de la chaine d'information, de distribuer l'énergie pneumatique à l'actionneur.

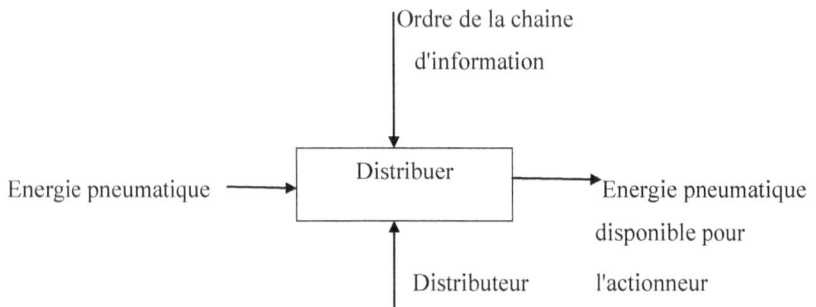

Ordre de la chaine

d'information

Energie pneumatique ⟶ Distribuer ⟶ Energie pneumatique

disponible pour

Distributeur   l'actionneur

63

On détermine le distributeur pour déterminer le débit d'air maximal qui peut le traverser, préréglant ainsi la vitesse du vérin. Plus le distributeur est gros plus les diamètres de passage sont importants et le débit plus élevé.

Le débit des distributeurs est donné pour une alimentation à l'entrée de 6 bars et une perte de pression de 1 bar en sortie.

Il est exprimé en normalité par minute (Nl/min), c'est à dire dans des conditions normales de températures (20°C) et de pression (1.013bar).

Le choix de tel distributeur se fait pour des raisons fonctionnelles, ainsi que sa taille qui sera calculée en fonction du diamètre du vérin et de la vitesse.

La commande des distributeurs est souvent électrique mais elle peut être également manuelle ou pneumatique.

- ✓ C: course du vérin.
- ✓ S: section du piston du vérin (dm^2).
- ✓ t: temps de course (S).
- ✓ p_{serv}: pression de service délivrée par le circuit d'alimentation (bar).
- ✓ consommation d'air à une pression de service (dm^3): $V = S * C. = (C*\pi*d^2)/4$
- ✓ Débit d'air nécessaire à une pression de service (dm^3/s) : $Q' = V/t$.
- ✓ Débit d'air nécessaire (Nl/min) : $Q = Q' *(pserv + 1) *60$.

Vérin	DSNU50-250
Consommation d'air (dm^3)	0.49
Temps de course (S)	0.5
Pression de service (bar)	7
Débit d'air nécessaire (dm^3/s)	0.98
Débit d'air nécessaire (Nl/min)	471.23

Tableau 8: calcul des débits d'air consommés

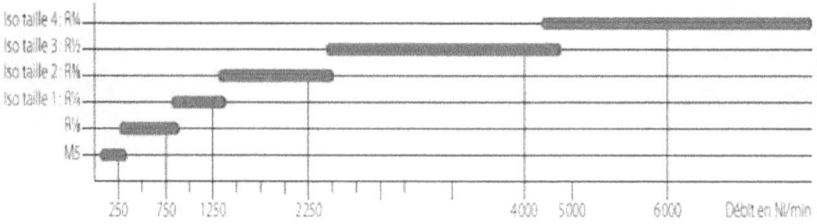

Taille des orifices du distributeur

Figure 40: Taille des orifices du distributeur en fonction du débit

Vérin	DSNU50-250
Débit (Nl/min)	471.23
Taille d'orifice	1/8
Distributeur correspondant	Distributeur H-5-1/4-B

Tableau 9: choix de distributeur

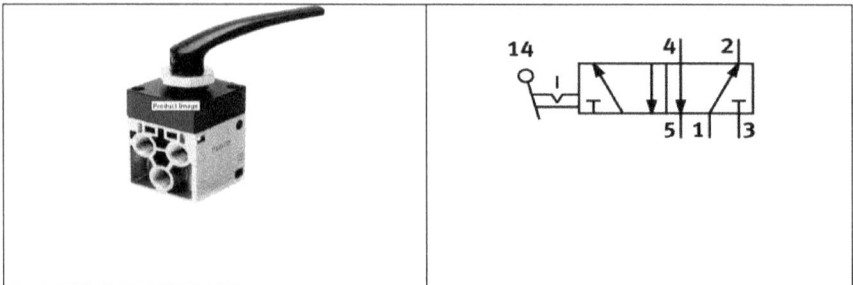

Figure 41: Distributeur H-5-1/4-B

65

b-Vérin d'application du chariot:

b-1 Détermination de la course du vérin:

Le vérin d'application horizontal parcourt une course de 300mm pour appliquer le chariot sur une file de rail.

b-2 Détermination du diamètre du vérin:

Vérin	Force dynamique (N)	Force statique (théorique) (N)	Diamètre du vérin (mm)
Vérin de relevage	200	333.33	47

Tableau 10: Détermination du diamètre du vérin

D'après le catalogue du constructeur (Festo):

-On choisira un vérin normalisé DSNU-50-300-PPV pour l'application horizontale du chariot sur une file de rail. Donc, on va prend 3 vérins pour les trois chariots.

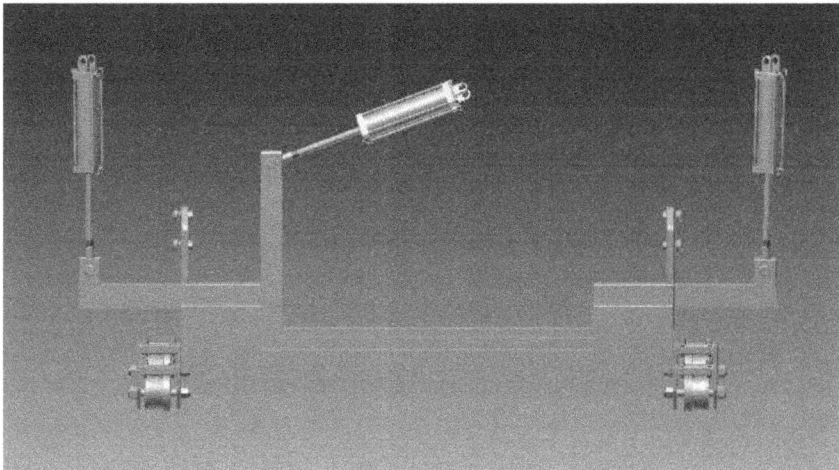

Figure 42: Le Vérin d'application montée sur le chariot

b-3 choix du distributeur:

Vérin	DSNU50-300
Consommation d'air (dm^3)	0.58
Temps de course (S)	0.5
Pression de service (bar)	7
Débit d'air nécessaire (dm^3/s)	1.17
Débit d'air nécessaire (Nl/min)	565.48

Tableau 11: calcul des débits d'air consommés

Vérin	DSNU50-300
Débit (Nl/min)	565.48
Taille d'orifice	1/8
Distributeur correspondant	Distributeur H-5-1/4-B

Tableau 12: choix de distributeur

c-Vérin de verrouillage du chariot:

c-1 Détermination de la course du vérin:

Le vérin de verrouillage   parcourt une course de 50mm pour l'ouverture et la fermeture de pince de verrouillage.

c-2 Détermination du diamètre du vérin:

Vérin	Force dynamique (N)	Force statique (théorique) (N)	Diamètre du vérin (mm)
Vérin de relevage	70	116.66	16

Tableau 13: Détermination du diamètre du vérin

D'après le catalogue du constructeur (Festo):

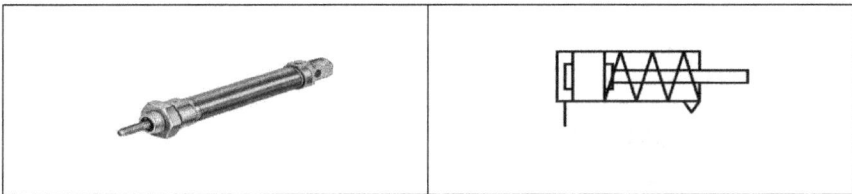

Figure 43: Le Vérin ESN-25-50-P

-On choisira deux vérins   normalisés   ESN-25-50-P pour les deux pinces de verrouillage d'un chariot   . Donc, on va prend 6 vérins pour les trois chariots et un pour le serrage de câble qui met les trois potentiomètres à la position zéro.

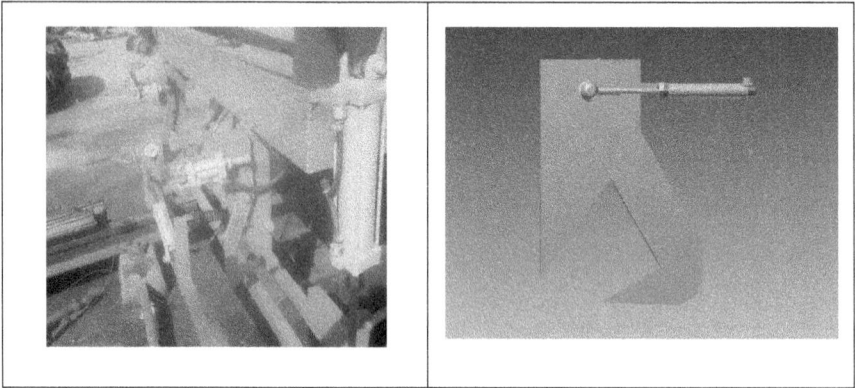

Figure 44: Le Vérin de verrouillage monté sur la pince

c-3 choix du distributeur:

Vérin	ESN-25-50
Consommation d'air (dm^3)	0.02
Temps de course (S)	0.5
Pression de service (bar)	7
Débit d'air nécessaire (dm^3/s)	0.04
Débit d'air nécessaire (Nl/min)	23.56

Tableau 14: calcul des débits d'air consommés

Vérin	ESN-25-50
Débit (Nl/min)	23.56
Taille d'orifice	M5
Distributeur correspondant	Distributeur H-5-1/4-B

Tableau 15: choix de distributeur

69

2- Choix de l'unité de conditionnement de l'air:

Le choix de l'unité de conditionnement de l'air comprimé se fait en fonction du débit nécessaire au bon fonctionnement du système, c'est à dire en tenant compte du cas extrême là où la majorité des composants fonctionnent ensemble.

Somme de débits = 164.92 +1696.44+2827.38 = 4688.74 Nl/min

✓ Distributeur de mise en circuit:

Pour mettre le système en ou hors énergie, on utilise un distributeur de mise en circuit. Il peut être manœuvré manuellement ou électriquement. Son rôle est d'isoler le circuit pneumatique du système par rapport à la source, et de vider ce circuit lors de la mise hors énergie.

✓ Filtre, Régulateur avec un Manomètre:

➤ Le filtre sert à filtrer les impuretés solides, éliminer l'humidité présente dans l'air comprimé.

➤ Le régulateur sert à réguler et régler la pression de l'air aux différentes parties de l'installation. Il compense les fluctuations qui se produisent dans le circuit d'air comprimé.

➤ Le manomètre permet de visualiser le niveau de pression locale.

✓ Pressostat:

Le pressostat est un interrupteur qui permet d'ouvrir ou fermer un circuit électrique lorsque la consigne de la pression est atteinte.

✓ Distributeur de mise en pression progressive :

Ce distributeur, associe avec les unités de conditionnement d'air, permet une montée progressive de la pression dans l'installation (après un arrêt ayant entraîné la purge des canalisations) en limitant le débit d'air dans la phase de démarrage afin d'éviter des mouvements rapides des actionneurs qui se sont généralement vidés d'air comprimé au moment de l'arrêt.

Il protège les personnes d'une brusque remise en service des actionneurs.

⟹ Ainsi le choix s'est fixé sur l'appareil de conditionnement combiné ***LFR-3/4-D-MAXI-KB.***

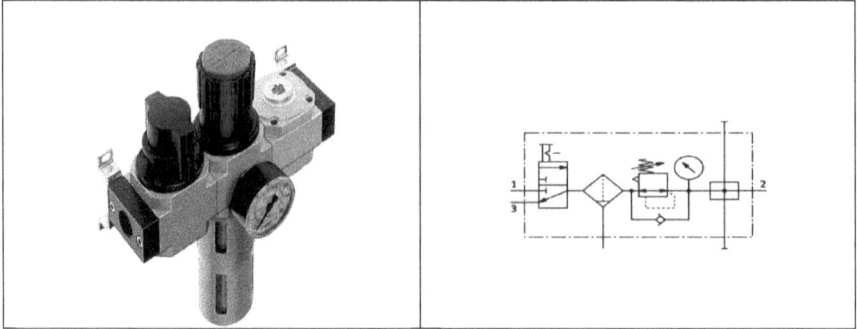

Figure 45: Le Combinaison d'appareils de conditionnement LFR-3/4-D-MAXI-KB.

3- Choix du limiteur de débit:

Les vitesses de rentrée et de sortie de la tige se règlent séparément en plaçant un réducteur de débit sur chaque canalisation.

Vérin	DSNU50-250	DSNU 50-300	ESN-25-50
Diamètre extérieur pour alimentation	6	6	6
Diamètre extérieur pour échappement	6	6	6
Raccord pour alimentation	1/4	1/4	1/4
Raccord pour échappement	1/4	1/4	–
Limiteur de débit pour alimentation	GRLZ-1/4-RS-B	GRLZ-1/4-RS-B	GRLZ-1/4-RS-B
Limiteur de débit pour échappement	GRLA-1/4-RS-B	GRLA-1/4-RS-B	–

Tableau 16:Choix du limiteur de débit

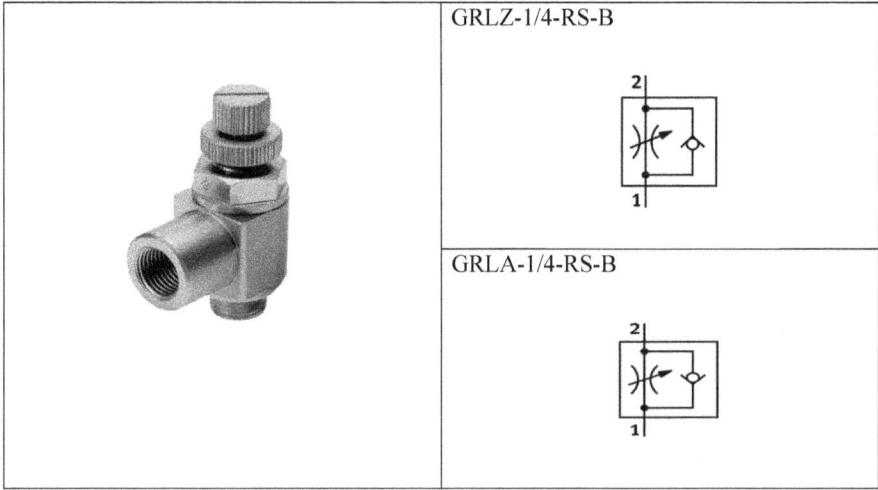

Figure 46: Limiteur de débit

4-Circuit pneumatique :

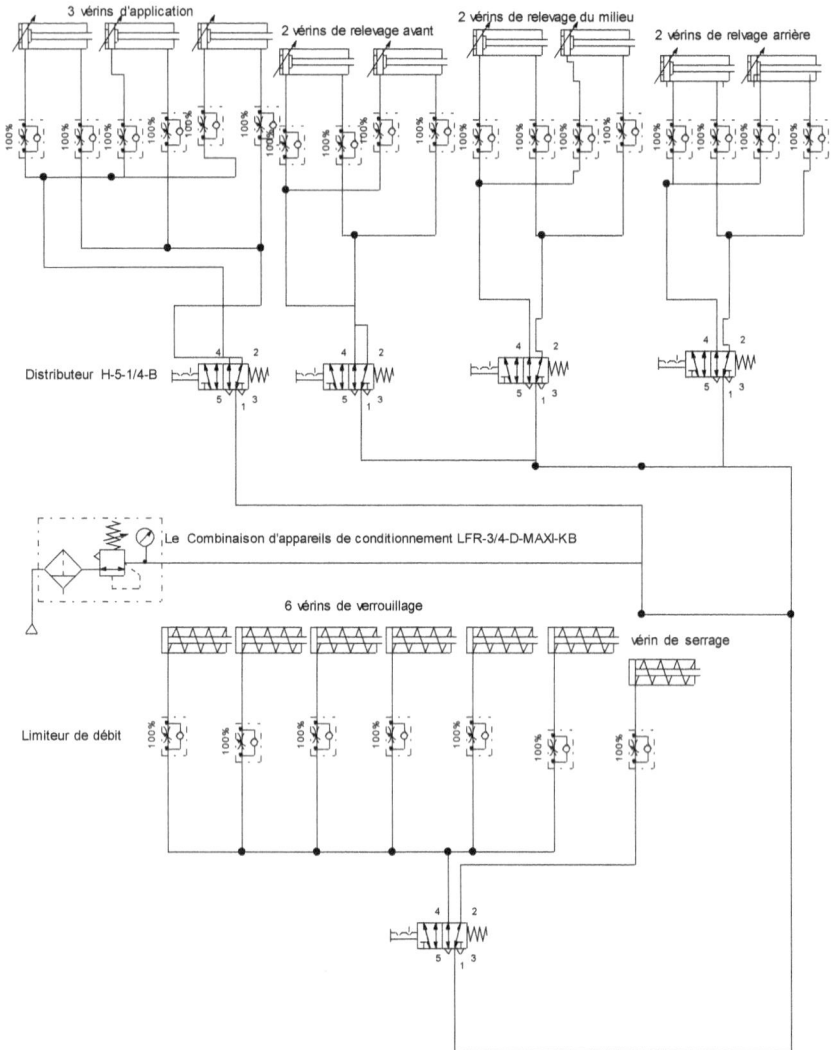

Figure 47: Circuit pneumatique du chariot

5-Conclusion:

Suite à l'étude pneumatique effectuée le choix de composants sera comme suit:

- ➢ vérins normalisés: DSNU50-250 pour le relevage du chariot, DSNU 50-300 pour l'application, ESN-25-50 pour le verrouillage et le serrage du câble.
- ➢ Distributeur H-5-1/4-B.
- ➢ Appareil de conditionnement combiné ***LFR-3/4-D-MAXI-KB.***
- ➢ Limiteur de débit GRL(X).

CHAPITRE VII

Etude de la partie électrique

1- Principe de mesure du paramètre de la voie :

Lors du traitement d'une voie avec le chariot de mesure, les défauts sont détectés selon la position de la voie. Les systèmes de mesure sont constitués par trois chariots, pendule, capteurs (transmetteur de nivellement, transmetteur de dressage). Ces derniers convertissent les valeurs mesurées en une tension électrique correspondante par l'intermédiaire des potentiomètres installés sur les capteurs. Ces potentiomètres sont de l'ordre de 5 kilowatts alimentés par une tension de l'ordre de plus ou moins 15 volts de façon à obtenir les défauts géométriques sur un papier émis par l'enregistreur à stylet (Plasser & Theurer). L'enregistreur à son tour convertit la tension en une énergie mécanique traduite par le mouvement des stylets permettant une évaluation exacte de la position de la voie à corriger.

La position désirée de la voie peut être surveillée sur les instruments respectifs pendant le travail afin de pouvoir en cas de nécessité procéder aux corrections qui s'imposent.

2- Description de la base de mesure:

La mesure géométrique de la voie sera effectuée à l'aide des trois chariots de mesures suivants:

- Chariot de mesure avant: dans la position la plus avancée sur la voie qui n'a pas encore été traitée. Il est équipé d'un pendule qui permet la mesure du dévers.

- Chariot de mesure du milieu: Ce chariot est fixé à une distance de trois mètres du chariot avant. Ce dernier est équipé d'un transmetteur de nivellement pour la mesure des défauts verticaux de la voie (bosse ou affaissement de la voie). Il est également équipé d'un transmetteur de dressage pour récupérer les défauts longitudinaux.

- Chariot de mesure de l'arrière: Ce chariot est fixé à une distance de trois mètres du chariot du milieu. Il sert pour la fixation et le serrage du câble qui passe par le transmetteur de nivellement et le transmetteur de dressage.

3- Description des instruments de mesure:

a- l'enregistreur à stylets (Plasser & Theurer):

Un enregistreur graphique à stylets de marque Plasser & Theurer est une machine de la gamme 0 - 15 volts équipé de 5 entrées pour 5 stylets et une entrée pour la roue de mesure. C'est un système dont l'entrée est la tension à enregistrer (en volts) et dont la sortie est le déplacement de la plume sur le papier (en cm). Son schéma fonctionnel est donné sur la figure ci-dessous.

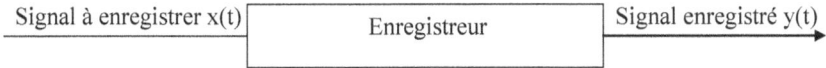

Signal à enregistrer x(t) | Enregistreur | Signal enregistré y(t)

Figure48: Enregistreur à stylets (Plasser & Theurer)

Principe de fonctionnement :

Pulsation de coupure wc = pulsation pour laquelle le gain est le gain statique

Pour un premier ordre wc =1/t

- $G(p) = K/(1 + t\,p)$
- $y(t) = K\,V0\,[1 - \exp(-t/t)]$
- $H(p) = G(p)\,C(p)$ $C(p) = (1 + t\,p)/(1 + (t/2)\,p)$

Exemple:

L'enregistreur est assimilable à un système du premier ordre de gain statique 2.5 cm/volt et de bande passante (à -3 dB) 1,25 Hz.

- G(p) et H(p) : Diagrammes de Bode de systèmes du première ordre, de gain 8 dB = 20 log 2,5 et de pulsations de coupure respectives 7,85 rad/s et 15,7 rad/s

C(p) : Diagramme de Bode d'un correcteur à avance de phase :

Courbe asymptotique de gain : Pentes 0 dB/déc, +20 dB/déc, 0 dB/déc

Changement de pente aux pulsations remarquables

1/t et 2/t

Courbe asymptotique de phase : 0 degré, +90 degrés, 0 degrés

Changement de valeurs aux pulsations remarquables

Courbes réelles : Point d'inflexion de la courbe de gain et maximum

de la courbe de phase en $\sqrt{2}$ wc milieu en échelle

log de wc et 2 wc

Rappel : Une pente de 20 dB/décade, c'est à dire une augmentation de 20 dB du gain pour une multiplication par 10 de la pulsation correspond à une pente de 6 dB/octave. Une octave est une multiplication par 2 de la pulsation. (Préfixe oct pour 8 notes de musique)

Remarque : Entre wc et 2 wc il y a exactement une octave, d'où les variations de 6 dB des asymptotes

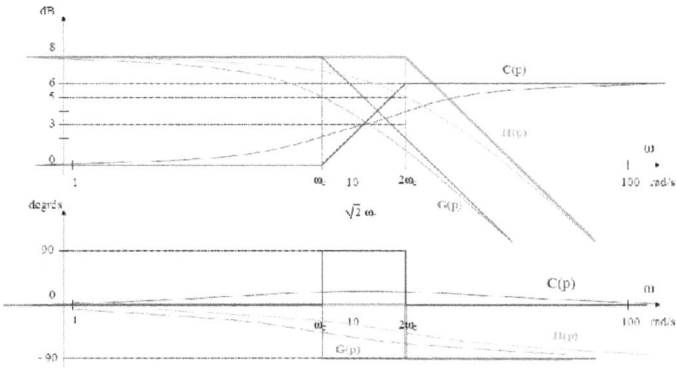

- $v(t) = V0 [1 + \exp(-2t/t)] u(t)$ et $y(t) = K V0 [1 - \exp(-2t/t)] u(t)$

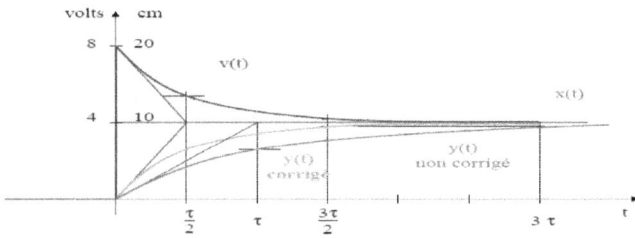

Lorsque la consigne est un échelon de 4 V, il est envoyé à l'enregistreur un signal de 8 V qui le fait démarrer deux fois plus vite. Ce signal décroît ensuite jusqu'à 4 V. Le temps de réponse pour y(t) corrigé est deux fois plus court que pour y(t) non corrigé.

b- Transmetteur de dressage :

Le transmetteur de dressage est un organe équipé d'un potentiomètre de 5 kW et alimenté par une carte d'alimentation plus ou moins 15 volts et capable de mesure les déviations ou les variations des distances.

Figure 49: Transmetteur de dressage (Plasser & Theurer)

c-Transmetteur de nivellement :

Assurer la détection des défauts verticaux tels que les bosses et les affaissements de la voie.

Figure 50: Transmetteur de nivellement (Plasser & Theurer)

d- Pendule:

Permet la détection des défauts de divers.

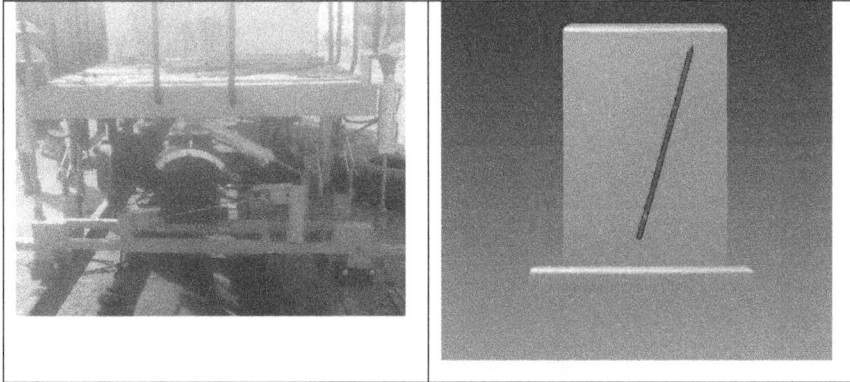

Figure 51: Pendule (Plasser & Theurer)

e- La roue de mesure:

Le déplacement de la machine est constamment mesuré par un capteur appelé « roue de mesure » ; il permet de connaître à tout instant la position de la machine par rapport aux repères kilométriques le long de la voie. Et dans notre cas la roue de mesure assure aussi le défilement de papiers dans l'enregistreur tant que le chariot est en mouvement.

Figure 52: Roue de mesure

4- Schémas électriques:(voir annexe).

Conclusion

Le domaine ferroviaire est très intéressant. Les activités de la société SOTRAFER représentent une contribution importante à ce domaine et par conséquent ce projet constitue un grand apport à l'amélioration du processus de travail.

Ce projet a débuté par une recherche bibliographique. Ensuite, une discussion avec mes encadreurs, a abouti aux solutions adoptées à la conception en prenant en compte les contraintes existantes et les moyens disponibles.

Au stade de la conception, on a réalisé les calculs de dimensionnement ainsi que dossier technique du chariot qui comporte le dessin d'ensemble du chariot et des divers pièces constitutives et les schémas pneumatiques et électriques..

Enfin, le projet s'est concrétisé sur le terrain avec la participation de l'effectif humain de SOTRAFER.

Références Bibliographiques

[1] : Guide de Dessinateur Industriel, Hachette Technique, édition 2004.

 [2] : Catalogue interactif des composants pneumatiques FESTO.

[3] : Logiciel de programmation de l'automate Siemens S7-1200.

[4] : Guide de dimensionnement, la distribution pneumatique. PHILIPPE TAILLARD, Mars 2004-

Technologie 130

Dossier Technique

Ahmed JERIDI

Chariot de mesure des paramètres géométriques de la voie ferrée

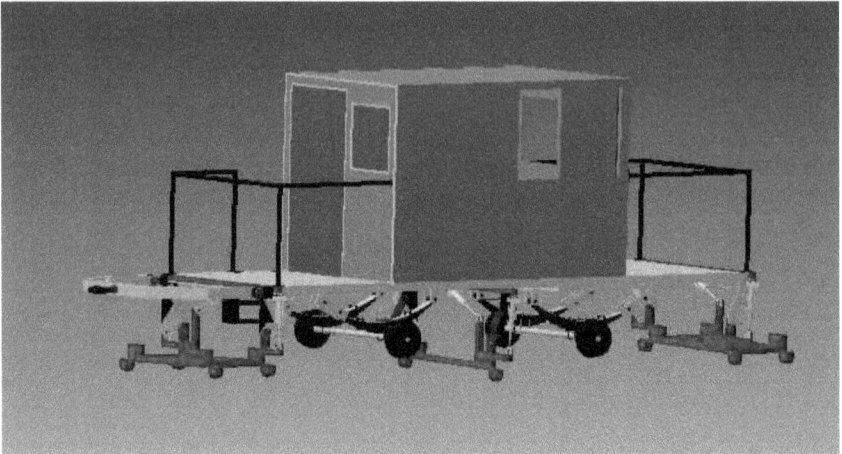

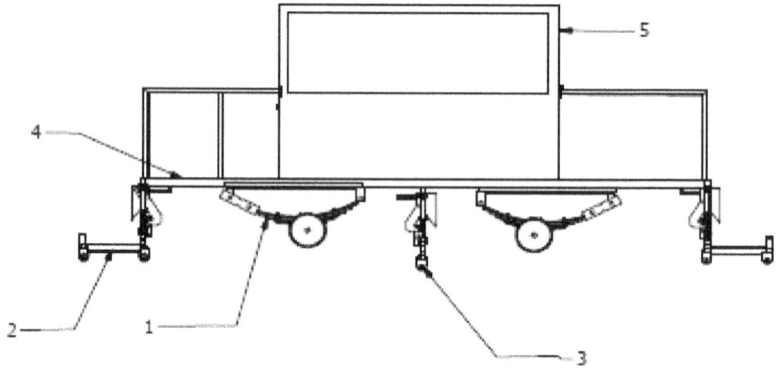

N° d'article	Non d'article	QTE
1	Essieu	2
2	Petit Chariot	2
3	Chariot de mileu	1
4	Chassis	1
5	Cabine Chariot de mesure	1

Echelle 1:50	DOC. N°:01	Encadré par Mr Ali Zghal
	Chariot de mesure	Dessiné par Ahmed Jeridi
A4	Esprit -Sotrafer	

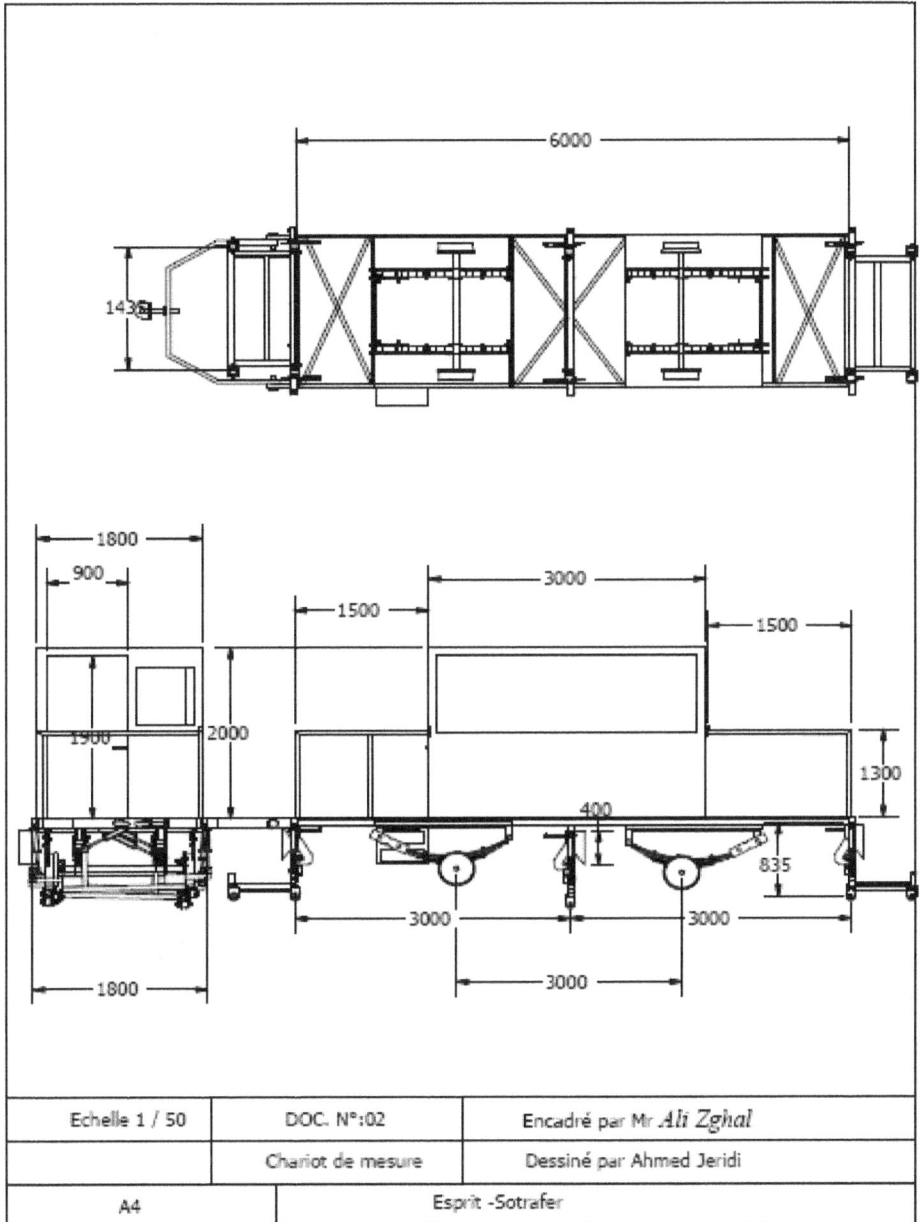

Echelle 1 / 50	DOC. N°:02	Encadré par Mr *Ali Zghal*
	Chariot de mesure	Dessiné par Ahmed Jeridi
A4	Esprit -Sotrafer	

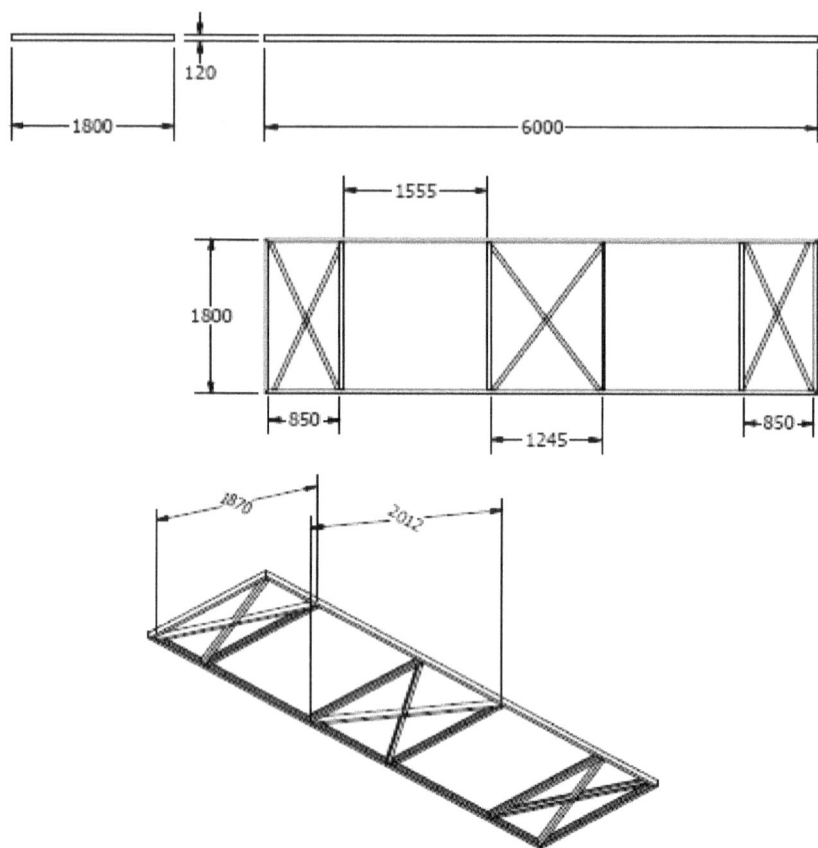

Echelle 1 / 50	DOC. N°:03	Encadré par Mr *Ali Zghal*
	Chassis	Dessiné par Ahmed Jeridi
A4	Esprit -Sotrafer	

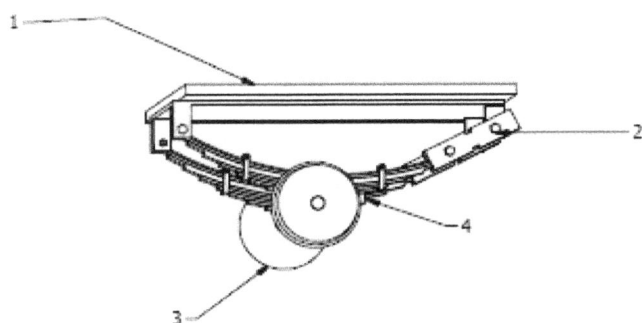

N° d'article	Non d'article	QTE
1	Plaque support essieu	1
2	Jumelle	4
3	Roue et axe	1
4	support axe-ressort	2

Echelle 1:20	DOC. N°:04	Encadré par Mr *Ali Zghal*
	Essieu chariot	Dessiné par Ahmed Jeridi
A4	Esprit -Sotrafer	

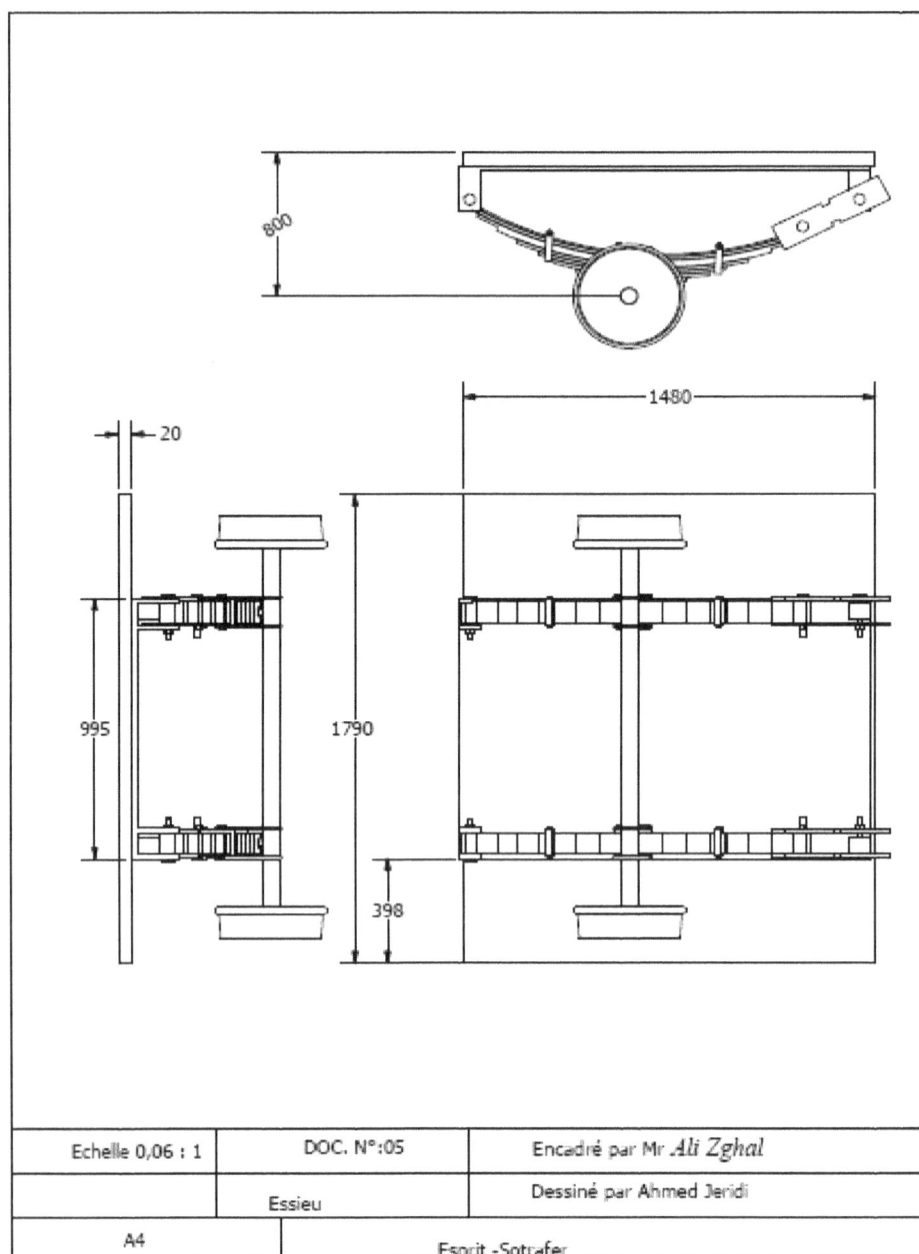

Echelle 0,06 : 1	DOC. N°:05	Encadré par Mr *Ali Zghal*
	Essieu	Dessiné par Ahmed Jeridi
A4		Esprit -Sotrafer

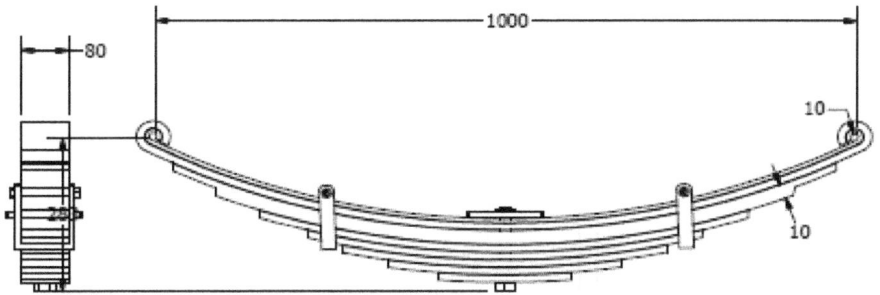

Echelle 1 / 10	DOC. N°:06	Encadré par Mr *Ali Zghal*
	Ressort à lames	Dessiné par Ahmed Jeridi
A4	Esprit -Sotrafer	

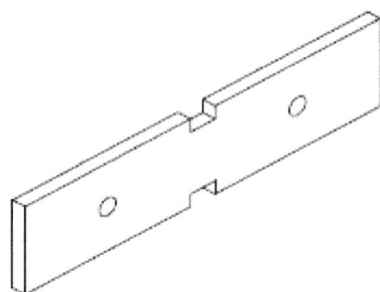

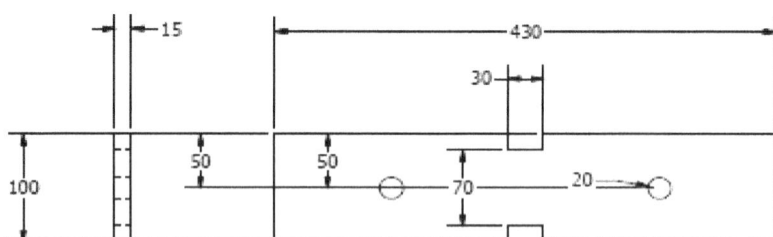

Echelle 1 / 4	DOC. N°:07	Encadré par Mr *Ali Zghal*
	Jumelle	Dessiné par Ahmed Jeridi
A4	Esprit -Sotrafer	

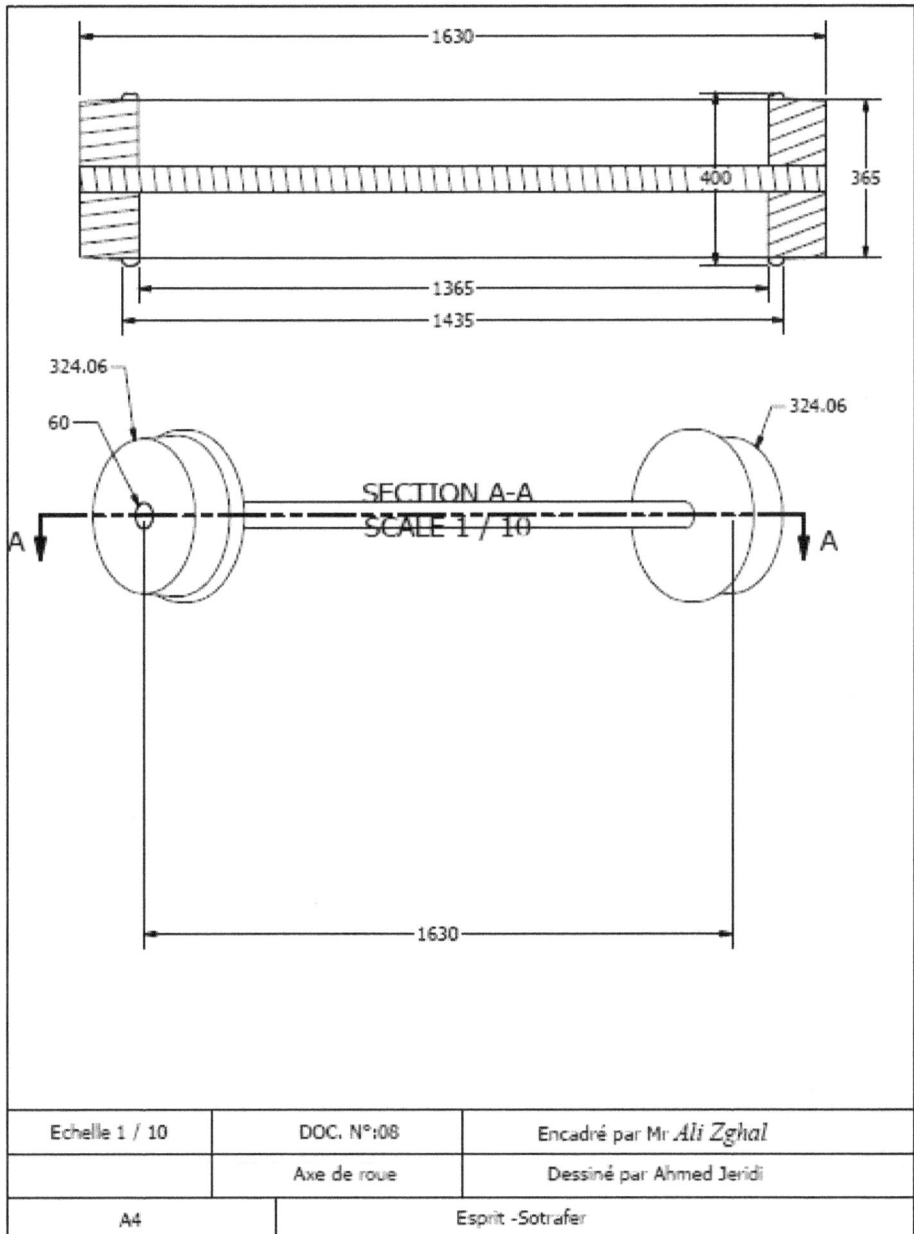

SECTION A-A
SCALE 1 / 10

Echelle 1 / 10	DOC. N°:08	Encadré par Mr *Ali Zghal*
	Axe de roue	Dessiné par Ahmed Jeridi
A4		Esprit -Sotrafer

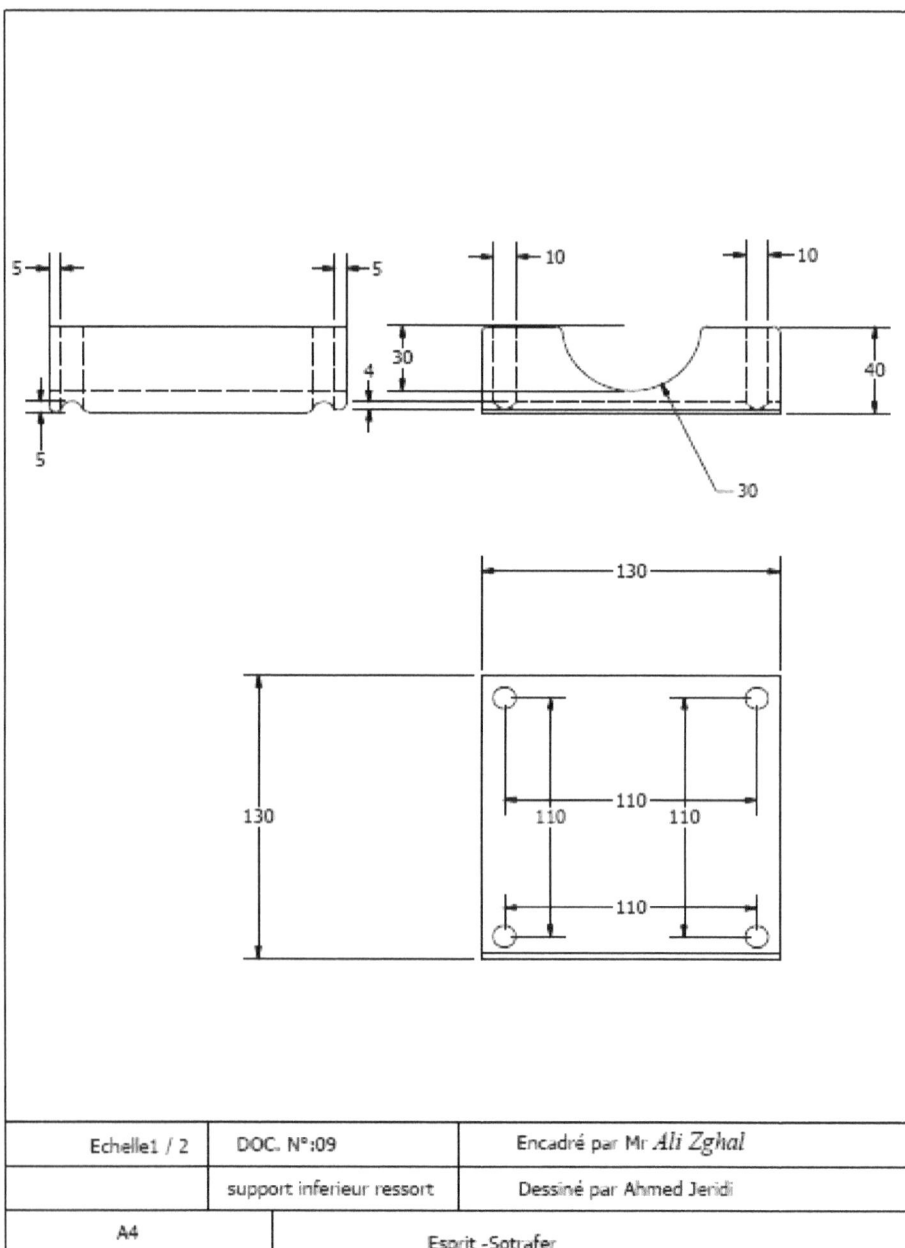

Echelle1 / 2	DOC. N°:09	Encadré par Mr *Ali Zghal*
	support inferieur ressort	Dessiné par Ahmed Jeridi
A4		Esprit -Sotrafer

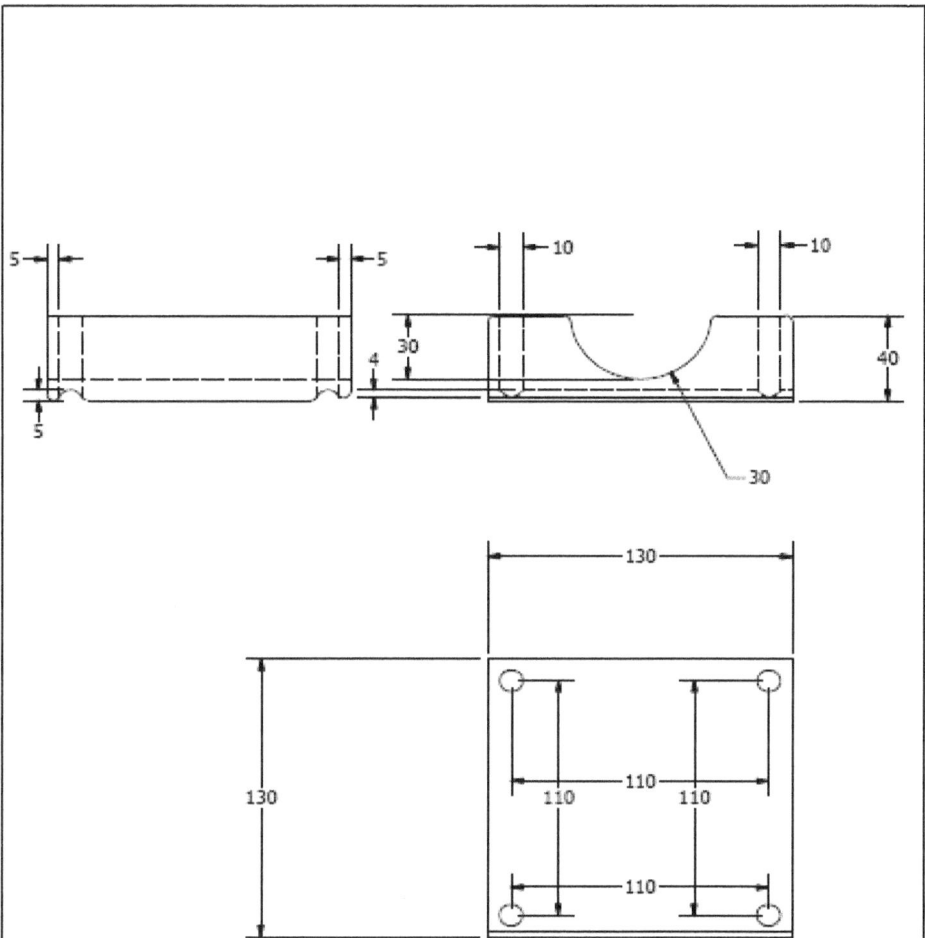

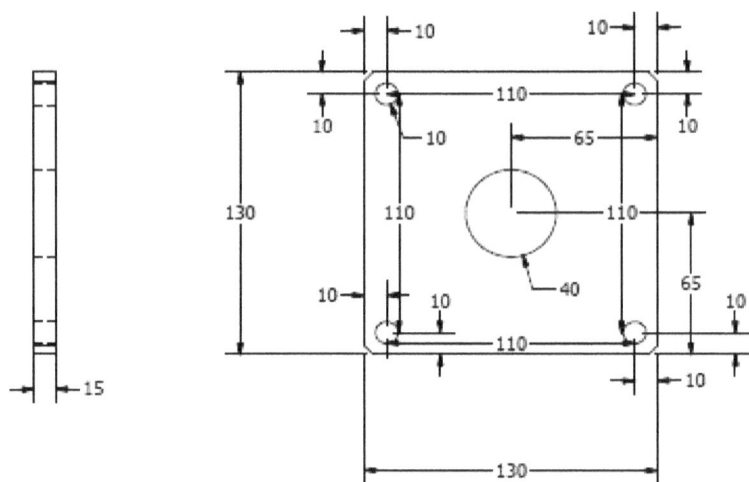

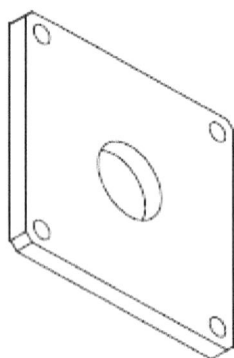

Echelle 1 / 2	DOC. N°:11	Encadré par Mr *Ali Zghal*
	Plaque fixation de ressort	Dessiné par Ahmed Jeridi
A4	Esprit -Sotrafer	

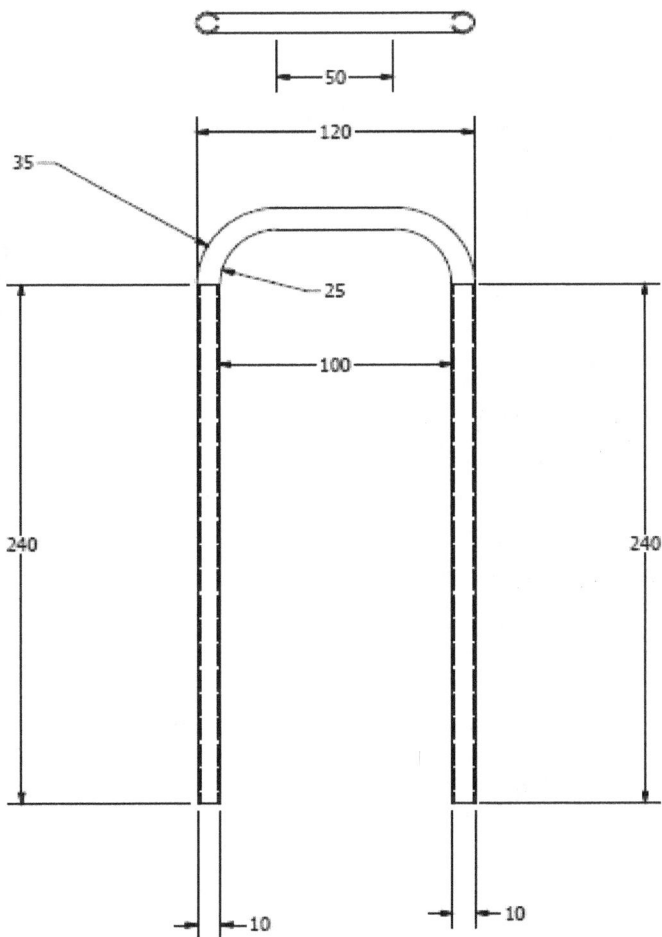

Echelle1 / 2	DOC. N°:12	Encadré par Mr *Ali Zghal*
	Collis de fixation ressort	Dessiné par Ahmed Jeridi
A4	Esprit -Sotrafer	

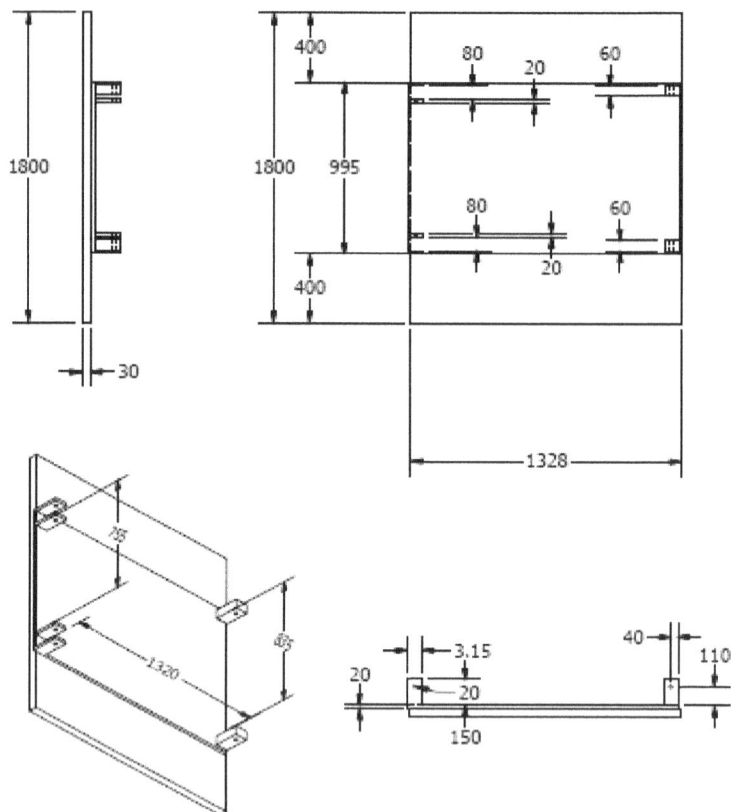

Echelle 1 / 25	DOC. N°:13	Encadré par Mr *Ali Zghal*
	Plaque fixation chassis	Dessiné par Ahmed Jeridi
A4		Esprit -Sotrafer

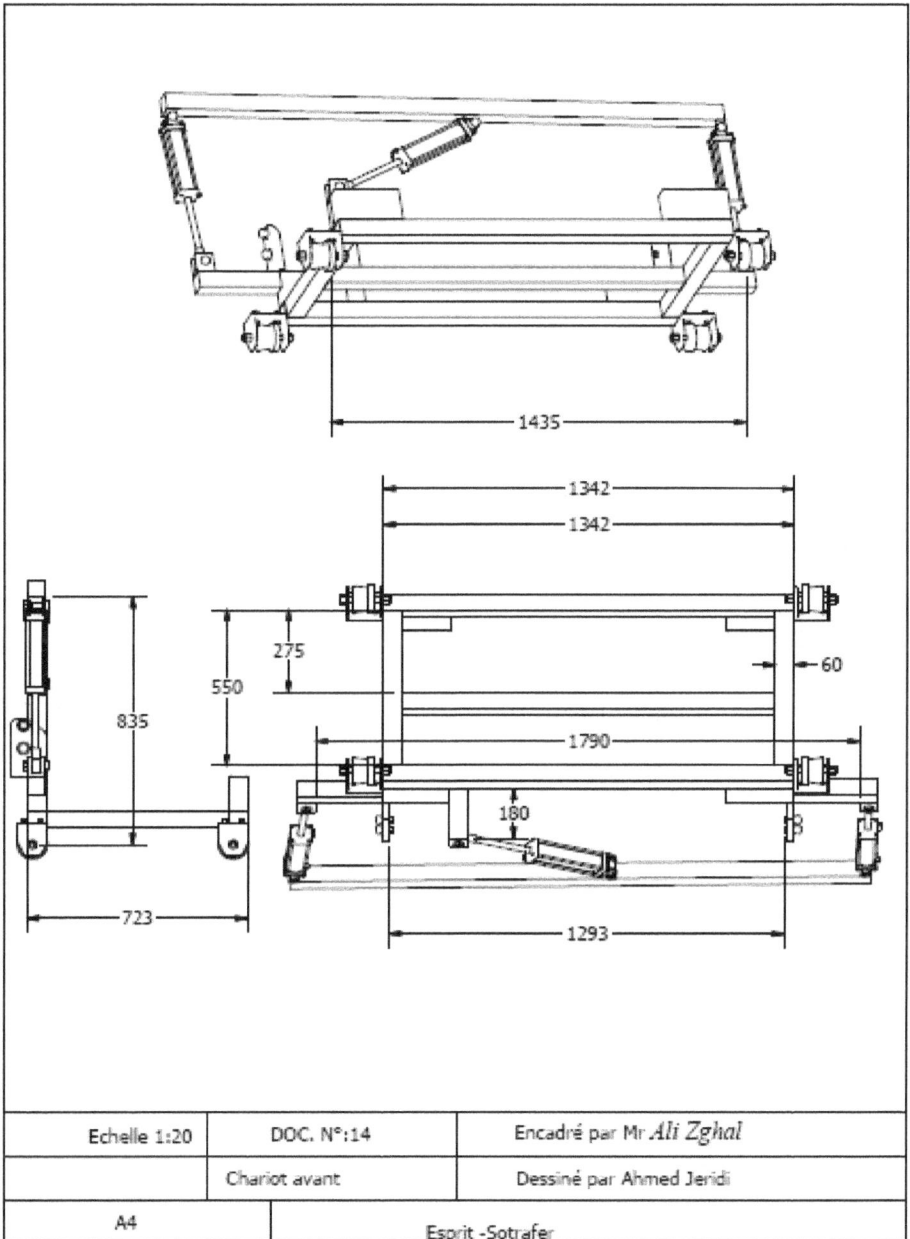

Echelle 1:20	DOC. N°:14	Encadré par Mr *Ali Zghal*
	Chariot avant	Dessiné par Ahmed Jeridi
A4		Esprit -Sotrafer

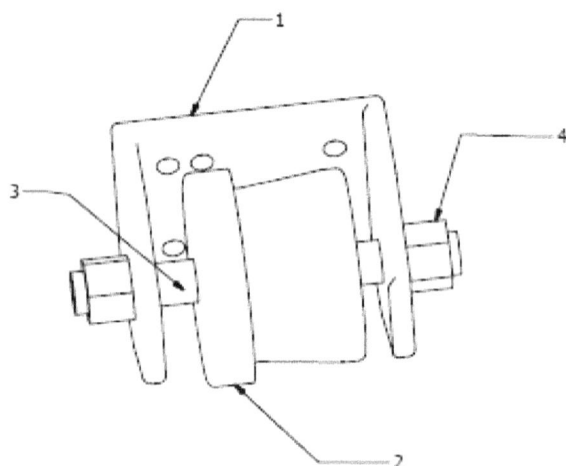

N° d'article	Non d'article	QTE
1	Support galie	1
2	Galie	1
3	Axe galie	1
4	Ecrou	2

Echelle 1:20	DOC. N°:15	Encadré par Mr *Ali Zghal*
	Gallie de chariot	Dessiné par Ahmed Jeridi
A4		Esprit -Sotrafer

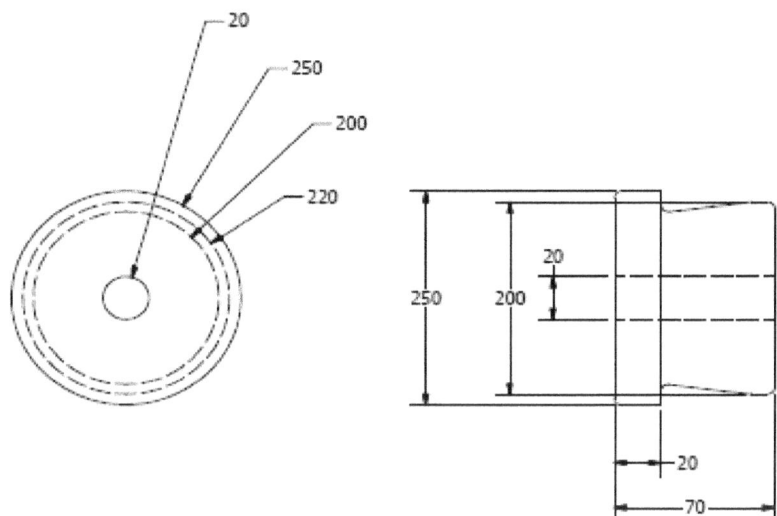

Echelle 1:4	DOC. N°:16	Encadré par Mr *Ali Zghal*
	Galie	Dessiné par Ahmed Jeridi
A4		Esprit -Sotrafer

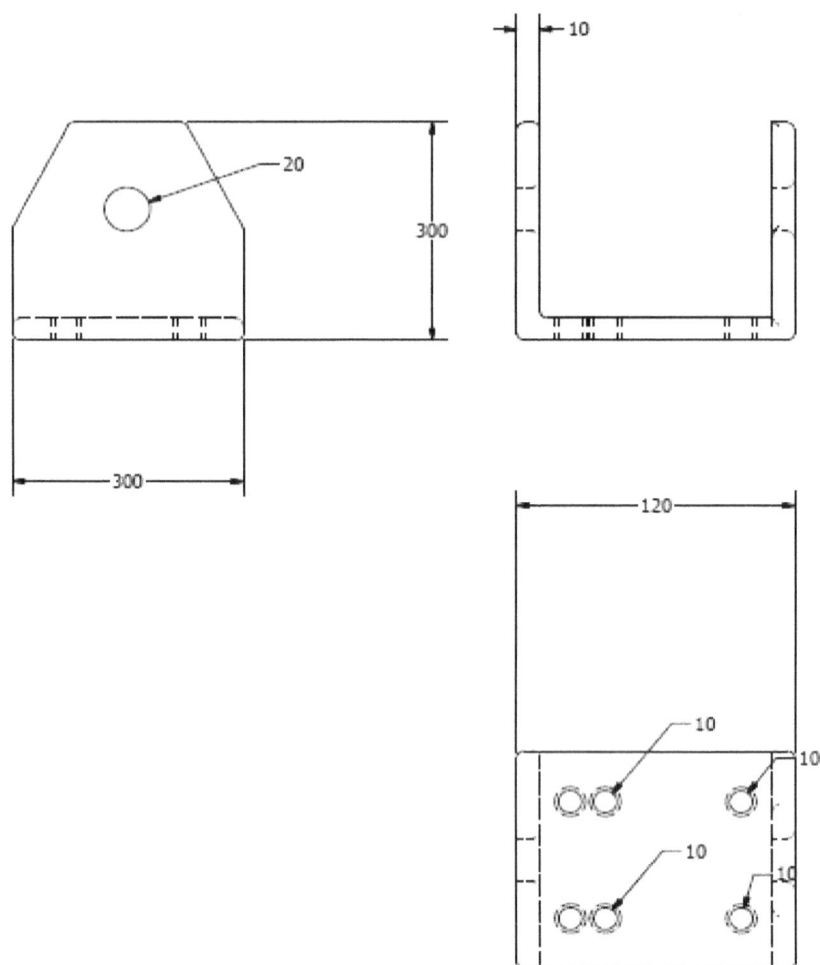

Echelle 1:4	DOC. N°:17	Encadré par Mr *Ali Zghal*
	support galie	Dessiné par Ahmed Jeridi
A4		Esprit -Sotrafer

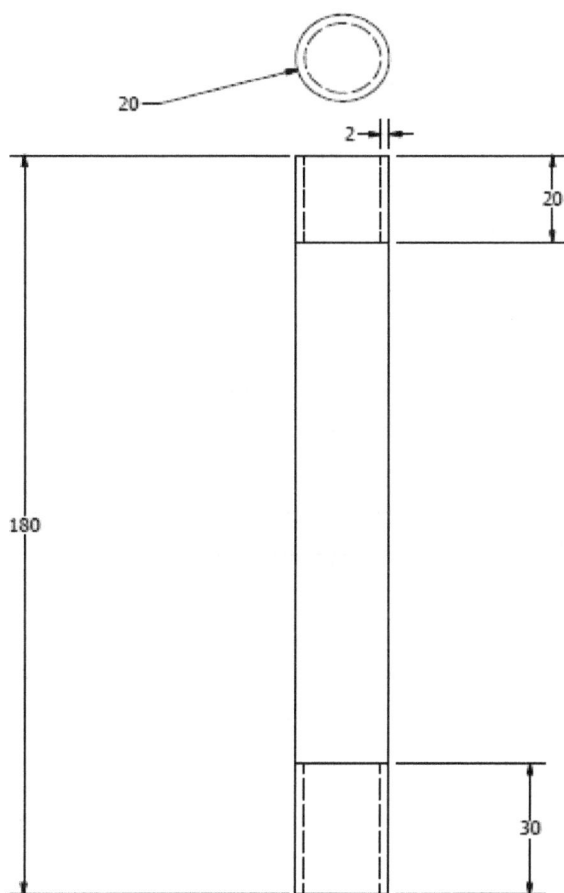

20

2

20

180

30

Echelle 1:1	DOC. N°:18	Encadré par Mr *Ali Zghal*
	Axe galie	Dessiné par Ahmed Jeridi
A4		Esprit -Sotrafer

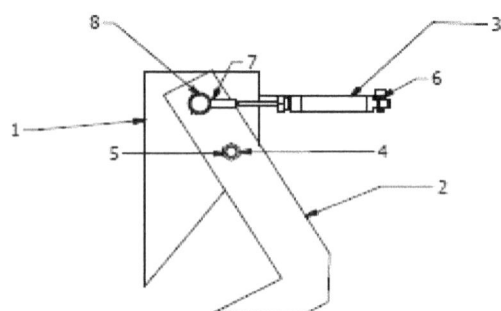

N° d'article	Non d'article	QTE
1	Plaque 1	1
2	Plaque 2	1
3	Vérin DSNU 25-50	1
4	Ecrou	2
5	Boullon	1
6	boullon vérin	1
7	Rotule	1
8	Cache rotule	1

Echelle 1:8	DOC. N°:19	Encadré par Mr *Ali Zghal*
	Gallie de chariot	Dessiné par Ahmed Jeridi
A4	Esprit -Sotrafer	

Echelle 1:4	DOC. N°:20	Encadré par Mr *Ali Zghal*
	Plaque2	Dessiné par Ahmed Jeridi
A4		Esprit -Sotrafer

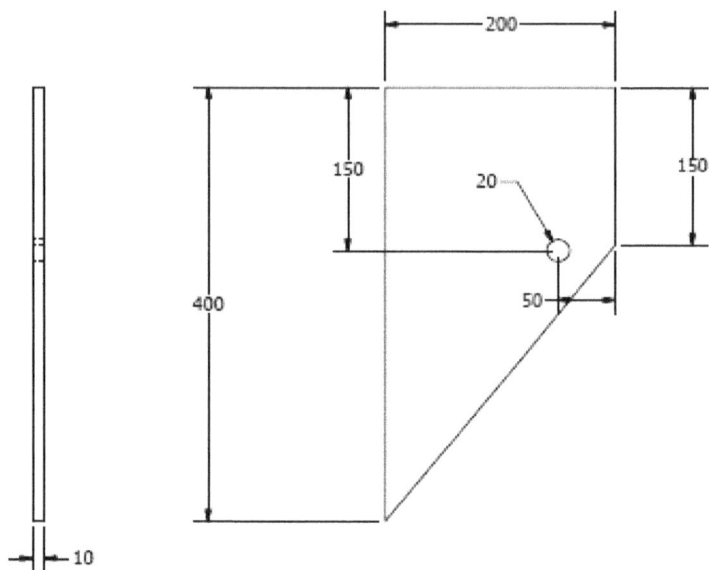

Echelle 1:4	DOC. N°:21	Encadré par Mr Ali Zghal
	Plaque1	Dessiné par Ahmed Jeridi
A4		Esprit -Sotrafer

ANNEXES

Le matériau du ressort à lame:

Aciers	module d'Young E (en MPa)	limite élastique σ_e (en MPa)	Rapport σ_e/E
XC 75	200 000	900	$4,5\ 10^{-3}$
55 Si 7	200 000	600	$3\ 10^{-3}$
45 SiCrMo 6	200 000	1 200	$6\ 10^{-3}$
50 CrVa 4	200 000	1 150	$5,75\ 10^{-3}$

Figure 4 : Certaines propriétés de l'acier allié

On choisie la constante K d'après ce graphe:

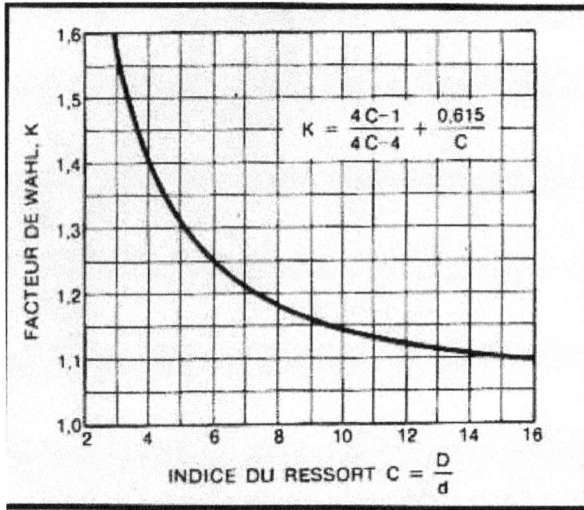

Figure 5: Indice du ressort

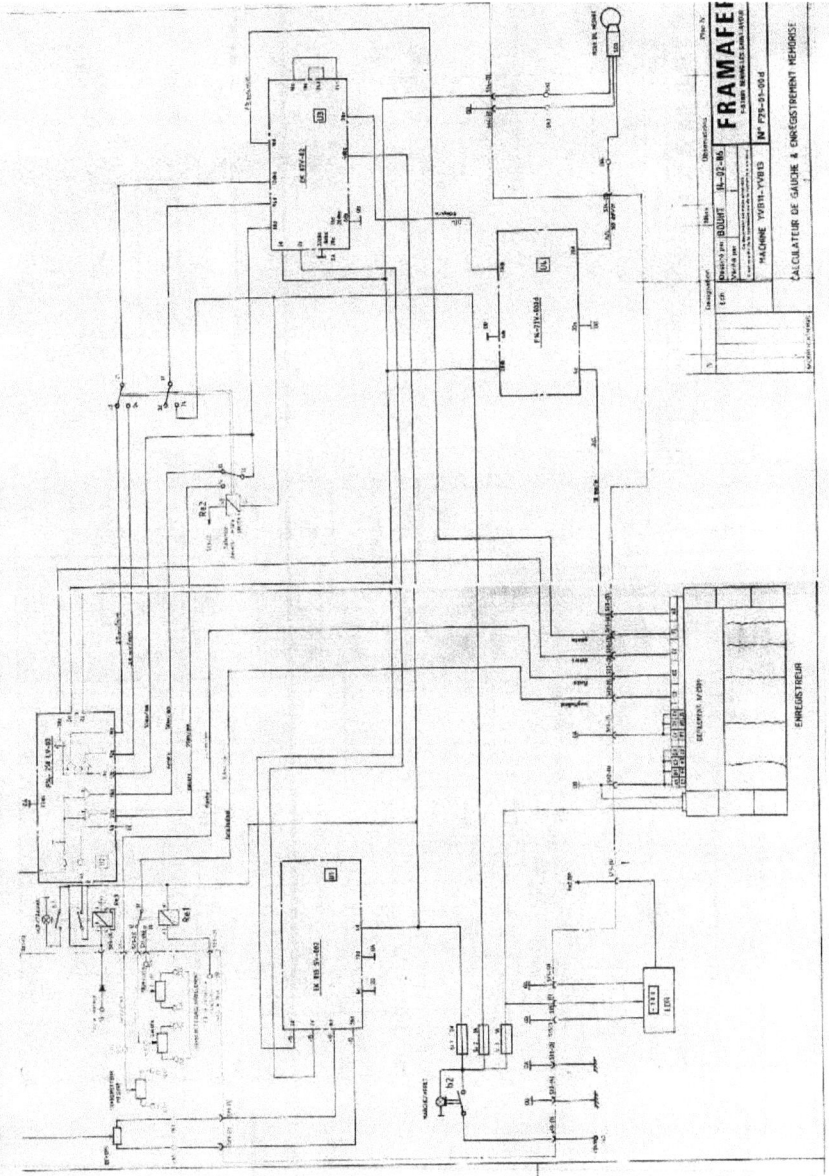

Figure 6 : schéma électrique Chariot

●Butées à rotule sur rouleaux

NTN

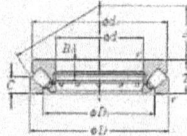

d 50 ~ 90mm

	Dimensions mm			Charge de base				Vitesse limite min⁻¹	Désignation	Dimensions mm				
				dynamique kN	statique kN	dynamique kgf	statique kgf							
d	D	T	r min¹⁾	Cr	Cor	Cr	Cor	huile		D₁	d₁	B₁	C	a
60	130	42	1.5	283	805	26 900	82 000	2 600	29412	89	123	15	20	38
65	140	45	2	330	945	33 500	96 500	2 400	29413	96	133	16	21	42
70	150	48	2	365	1 040	37 000	106 000	2 200	29414	103	142	17	23	44
75	160	51	2	415	1 190	42 500	122 000	2 100	29415	109	152	18	24	47
80	170	54	2.1	460	1 380	47 000	141 000	1 900	29416	117	162	19	26	50
85	150	39	1.5	265	820	27 000	84 000	2 300	29317	114	143.5	13	19	50
	180	58	2.1	490	1 480	50 000	151 000	1 800	29417	125	170	21	28	54
90	155	39	1.5	285	915	29 100	93 500	2 300	29318	117	148.5	13	19	52
	190	60	2.1	545	1 680	56 000	172 000	1 700	29418	132	180	22	29	56
100	170	42	1.5	345	1 160	35 500	118 000	2 100	29320	129	163	14	20.8	58
	210	67	3	685	2 130	69 500	217 000	1 500	29420	146	200	24	32	62
110	190	48	2	445	1 500	45 000	152 000	1 800	29322	143	182	16	23	64
	230	73	3	645	2 620	86 500	287 000	1 400	29422	162	220	26	35	69
120	210	54	2.1	535	1 770	54 500	181 000	1 600	29324	159	200	18	26	70
	250	78	4	975	3 050	99 000	310 000	1 300	29424	174	236	29	37	74
130	225	58	2.1	615	2 100	62 500	215 000	1 500	29326	171	215	19	28	76
	270	85	4	1 080	3 550	110 000	360 000	1 200	29426	189	255	31	41	81
140	240	60	2.1	685	2 360	70 000	241 000	1 400	29328	183	230	20	29	82
	280	85	4	1 110	3 750	114 000	385 000	1 200	29428	199	268	31	41	86
150	215	39	1.5	340	1 340	34 500	136 000	1 600	29230	178	208	14	19	82
	250	60	2.1	675	2 390	68 500	243 000	1 400	29330	194	240	20	29	87
	300	90	4	1 280	4 350	131 000	445 000	1 100	29430	214	285	32	44	92
160	225	39	1.5	360	1 460	36 500	149 000	1 700	29232	188	219	14	19	86
	270	67	3	820	2 860	84 000	292 000	1 300	29332	208	260	24	32	92
	320	95	5	1 500	5 150	153 000	525 000	1 000	29432	229	306	34	45	99

1) Rayon min. admis r de l'arrondi.

113

Intégrales de Mohr: valeurs de $\dfrac{1}{L}\displaystyle\int_0^L m.M\,dx$ (ne pas oublier de multiplier le résultat par $\dfrac{1}{EI}$)

	A	B	C	D	E	F
1	$m.M$	$\frac{1}{2}m.M$	$\frac{1}{2}m.M$	$\frac{1}{2}(m1+m2)M$	$\frac{1}{2}m.M$	$\frac{1}{2}m.M$
2	$\frac{1}{2}m.M$	$\frac{1}{3}m.M$	$\frac{1}{6}m.M$	$\frac{1}{6}(2m1+m2)M$	$\frac{1}{4}m.M$	$\frac{1}{6}m.M(1+\frac{b}{L})$
3	$\frac{1}{2}m.M$	$\frac{1}{6}m.M$	$\frac{1}{3}m.M$	$\frac{1}{6}(m1+2m2)M$	$\frac{1}{4}m.M$	$\frac{1}{6}m.M(1+\frac{a}{L})$
4	$\frac{1}{2}(M1+M2)m$	$\frac{1}{6}(2M1+M2)m$	$\frac{1}{6}(M1+2M2)m$	$\frac{1}{6}(2m1M1+m1M2+m2M1+2m2M2)$	$\frac{1}{4}(M1+M2)m$	$\frac{1}{6}\,m\,[M1(1+\frac{b}{L})+M2(1+\frac{a}{L})]$
5	0	$\frac{1}{6}m.M$	$-\frac{1}{6}m.M$	$\frac{1}{6}(m1-m2)M$	0	$\frac{1}{6}m.M(1-2\frac{a}{L})$
6	$\frac{1}{2}m.M$	$\frac{1}{4}m.M$	$\frac{1}{4}m.M$	$\frac{1}{4}(m1+m2)M$	$\frac{1}{3}m.M$	$\frac{1}{12}m.M\,\frac{3L^2-4a^2}{bL}$
7	$\frac{1}{2}m.M$	$\frac{1}{6}m.M(1+\frac{b}{L})$	$\frac{1}{6}m.M(1+\frac{a}{L})$	$\frac{1}{6}M[m1(1+\frac{b'}{L})+m2(1+\frac{a'}{L})]$	$\frac{1}{12}m.M\,\frac{3L^2-4a^2}{bL}$	$\frac{1}{6}m.M(2-\frac{(a-a')^2}{ab})$

Intégrales de Mohr: valeurs de $\dfrac{1}{L}\displaystyle\int_0^L m.M\,dx$

> ne pas oublier de multiplier le résultat par $\dfrac{L}{E.I}$

	A	B	C	D	E	F
8	$\dfrac{1}{2}$ m.M	$\dfrac{1}{6}$ m.M$(1+\dfrac{L'}{L})$	$\dfrac{1}{6}$ m.M$(1+\dfrac{a'}{L})$	$\dfrac{1}{6}$ M[(m1$(1+\dfrac{b'}{L})$ + m2$(1+\dfrac{a'}{L})$]	$a^2>b^2$ $\dfrac{1}{12}$ m.M$\dfrac{3L^2-4b^2}{a^2\,L}$	$a'\ge a''$ $\dfrac{m.M}{6}[2-\dfrac{(a''-a')^2}{a'\,L}]$
9	$\dfrac{1}{3}$ m.M	$\dfrac{1}{4}$ m.M	$\dfrac{1}{12}$ m.M	$\dfrac{1}{12}$ M (3m1 + m2)	$\dfrac{7}{48}$ m.M	$\dfrac{mM}{12}[1+(\dfrac{b'}{L})+(\dfrac{b'}{L})^2]$
10	$\dfrac{1}{3}$ m.M	$\dfrac{1}{12}$ m.M	$\dfrac{1}{4}$ m.M	$\dfrac{1}{12}$ M (m1 + 3m2)	$\dfrac{7}{48}$ m.M	$\dfrac{mM}{12}[1+(\dfrac{a'}{L})+(\dfrac{a'}{L})^2]$
11	$\dfrac{2}{3}$ m.M	$\dfrac{5}{12}$ m.M	$\dfrac{1}{4}$ m.M	$\dfrac{1}{12}$ M (5m1 + 3m2)	$\dfrac{17}{48}$ m.M	$\dfrac{mM}{12}[5-(\dfrac{b'}{L})-(\dfrac{b'}{L})^2]$
12	$\dfrac{2}{3}$ m.M	$\dfrac{1}{4}$ m.M	$\dfrac{5}{12}$ m.M	$\dfrac{1}{12}$ M (3m1 + 5m2)	$\dfrac{17}{48}$ m.M	$\dfrac{mM}{12}[5-(\dfrac{a'}{L})-(\dfrac{a'}{L})^2]$
13	$\dfrac{2}{3}$ m.M	$\dfrac{1}{3}$ m.M	$\dfrac{1}{3}$ m.M	$\dfrac{1}{3}$ M (m1 + m2)	$\dfrac{5}{12}$ m.M	$\dfrac{mM}{3}[1+(\dfrac{a'}{L})-(\dfrac{a'}{L})^2]$
14	$\dfrac{1}{6}$ m.(2M1+4M0+M2)	$\dfrac{1}{6}$ m.(M1+2 M0)	$\dfrac{1}{6}$ m.(M2+2 M0)	$\dfrac{1}{6}$ [m1M1+m2M2+2(m1+m2)M0]	$\dfrac{m}{24}$ (M1+10M0+M2)	$\dfrac{m}{6}M+\dfrac{2}{L}(a\times M3+b\times M5)$

dans les formules les valeurs de m et M sont à reporter en valeur algébrique

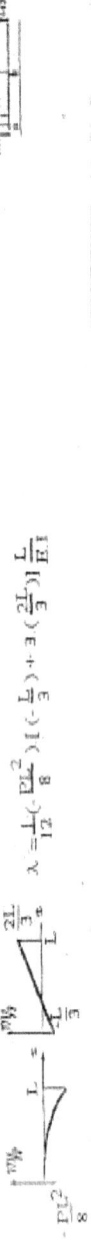

$\lambda =\dfrac{1}{12}(\dfrac{PL^2}{8})1(-\dfrac{L}{3})+3(\dfrac{2L}{3}))\dfrac{L}{EI}$

Voici quelques images de réalisations :

Figure 7: Montage transmetteur de dressage

Figure 8 : Transmetteur de nivellement

116

Figure 9 : chariot de mesure

Figure 10 : Pince de verrouillage

Figure 11: Chariot de mesure

Figure 12 : Suspension

Figure 13: chariot avant

Figure 14 : Chariot de mesure

Figure 15 : Chariot de mesure

www.ingramcontent.com/pod-product-compliance
Lightning Source LLC
Chambersburg PA
CBHW021109210326
41598CB00017B/1390